西门子变频器技术及应用

XIMENZI BIANPINQI
JISHU JI YINGYONG

李志平　刘维林　编著

中国电力出版社
CHINA ELECTRIC POWER PRESS

内 容 提 要

本书讲述了变频器的基本结构和工作原理，以及变频器的选择、安装、维护和检修知识。特别以西门子公司主流产品 MM4 系列变频器为例，介绍了 MM4 系列变频器的技术性能、电路结构。全面讲述了 MM4 系列变频器的功能设置、基本应用、网络通信等应用知识。

本书适合初学者、中高级电工、技师阅读，也可作为高职院校电气自动化、机电一体化、应用电子技术等相关专业师生的参考书。

图书在版编目（CIP）数据

西门子变频器技术及应用/李志平，刘维林编著. —北京：中国电力出版社，2015.1（2025.2重印）
ISBN 978-7-5123-6234-5

Ⅰ.①西… Ⅱ.①李…②刘… Ⅲ.①变频器-基本知识 Ⅳ.①TM773

中国版本图书馆 CIP 数据核字（2014）第 168898 号

中国电力出版社出版、发行
（北京市东城区北京站西街 19 号 100005 http://www.cepp.sgcc.com.cn）
北京天宇星印刷厂印刷
各地新华书店经售

*

2015 年 1 月第一版 2025 年 2 月北京第八次印刷
710 毫米×980 毫米 16 开本 13.75 印张 250 千字
定价 **45.00 元**

前　言

变频器是将工频交流电源变换为频率和电压可调的交流电源，实现交流电动机调速的电气装置，已广泛应用于工农业生产的各个领域。因此，变频器的应用知识已是机电工程技术人员必备的技能之一。

在众多的变频器品牌中，西门子变频器是市场占有率最高的变频器之一，其中 MM4 系列变频器为其主流产品，其采用高性能的 U/f 控制和矢量控制技术，提供低速高转矩输出，具有良好的动态特性、超强的过载能力，创新的内部互联功能更具有无可比拟的灵活性。MM4 系列变频器可工作于缺省的工厂设置状态下，是为数量众多的简单电动机变速驱动系统供电的理想变频驱动装置。用户也可以根据需要设置相关参数，充分利用变频器所具有的全面、完善的控制功能，为需要多种功能的复杂电动机控制系统服务。本书详细讲解了 MM4 系列变频器的电路结构、功能设置、基本应用及通信等应用知识。

全书共 8 章，第 1 章讲述了变频器的概念、应用领域、基本功能、技术指标和分类；第 2 章讲述了变频器组成、控制方式、变频变压原理、制动；第 3 章讲述了 MM440 变频器的主要特性、电路结构、参数及功能设定、操作面板、参数设置；第 4 章讲述了 MM440 变频器的基本应用，包括外部开关信号控制变频器起停，外部模拟量控制转速，多段转速控制，电磁抱闸，工频变频切换，BICO 功能，自由功能模块，PID 控制，矢量控制等；第 5 章讲述了 MM440 变频器的 USS 通信和 PROFIBUS 通信应用；第 6 章讲述了变频器及外围器件的选择及安装知识；第 7 章讲述了变频器的维护与检修知识；第 8 章介绍了变频器在工程上的应用实例。

本书由昆明冶金高等专科学校李志平、云南技师学院刘维林编著。在编写过程中，参阅了大量的文献资料，在此向原作者表示敬意和感谢。

由于编著者水平和时间有限，疏漏与错误之处在所难免，恳请广大读者批评指正。

目 录

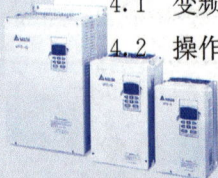

概　　论

1.1　变频器的概念

　　变频器是将工频交流电源变换为频率和电压可调的三相交流电源的电气装置，用以驱动交流异步电动机实现变频调速，如图 1-1 所示。

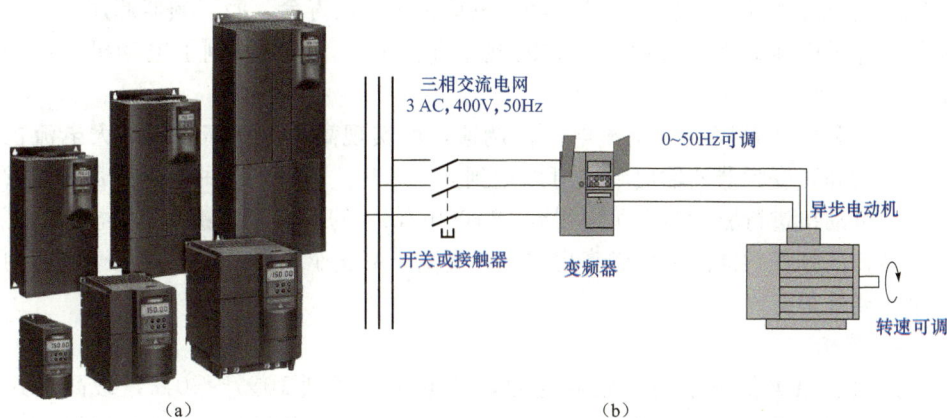

　　　　　　　（a）　　　　　　　　　　　　　　　　　（b）

图 1-1　变频器应用图

（a）变频器外观图；（b）变频器应用图

　　根据交流异步电动机的转速表达式：

$$n = (1-s)\frac{60f_1}{p} \tag{1-1}$$

式中　　n——转速；

　　　　f_1——供电频率；

　　　　s——转差率；

　　　　p——极对数。

　　理论上，只要调节交流异步电动机的供电频率 f_1，就可以调节交流异步电动机的转速 n，从而实现交流异步电动机的无级调速，简称变频调速。

变频器的应用，主要反映在以下几个方面。

1. 电动机变频传动

（1）利用变频器可实现交流电动机调速。由于变频器可以看作是一个频率可调的交流电源，对于现有恒速运转的电动机，只要在电源和电动机之间接入变频器和相应设备，就可对电动机实现调速控制，而无需对电动机和电源进行设备改造。

（2）利用变频器实现交流电动机调速，具有较宽的调速范围和较高的调速精度。通用变频器的调速范围可以达到 1：10 以上，而高性能的矢量型变频器的调速范围可达 1：1 000。而且采用矢量控制方式的变频器对异步电动机进行调速控制时，还可控制电动机的输出转矩。

（3）利用变频器实现交流电动机调速，可减小电动机的起动电流。电动机工频电源直接起动时，起动电流是额定电流的 4～7 倍，这个电流将大大增加电动机绕组的电应力并产生热量，从而降低电动机的使用寿命。而变频器调速时则可从零转速零电压起动，按斜坡函数的规律进行加速，从而限制了电动机的起动电流。

（4）利用变频器实现交流电动机调速，可实现高转速、高电压、大电流控制。目前高频变频器的输出频率可以达到 3 000Hz，当利用这种高速变频器对 2 极异步电动机进行驱动时，可以得到 180 000r/min 的高转速。随着变频技术的不断发展，高频变频器的输出频率也在不断提高，高速驱动也是变频器调速控制的一个重要优势。

2. 节能

风机、泵类负载采用变频调速后，节电率可达到 10％～30％，最高可达 60％。这是因为风机、泵类负载的实际消耗功率近似与转速的 3 次方成比例。以节能为目的的变频器的应用，在最近几十年来发展非常迅速，据有关方面统计，我国已经进行变频改造的风机、泵类负载的容量只占总容量的 5％左右，还有很大的改造空间。由于风机、泵类负载在采用变频调速后可以节省大量的电能，所需的投资在较短的时间内就可以收回，因此在这一领域的应用最广泛。目前，应用较成功的有恒压供水、各类风机、中央空调和液压泵的变频调速。

3. 精度控制

随着控制技术的发展，变频器除了具有基本的调速控制之外，更具有了多种算术运算和智能控制功能，输出转速精度达 0.1％～0.01％。变频器还设置有完善的检测、保护环节，因此在自动化系统中得到了广泛的应用，例如在印刷、电梯、纺织、机床、生产流水线等行业的速度控制。

4. 提高工艺水平和产品质量

变频器还广泛应用于传送、起重、挤压和机床等各种机械设备的控制领域，可提高工艺水平和产品质量，减少设备冲击和噪声，延长设备使用寿命。这些机械采用变频控制后，可以使机械设备简化，操作和控制更具人性化，有的甚至对原有的工艺规范进行改进，从而提高整个设备的生产效率。

5. 新能源发电

风力发电机组功率的不断增大，导致机组的叶片已经重达数吨或数十吨。操纵如此巨大的转动惯性体，且响应速度要求能跟上风速变化是相当困难的。近年来投运的变桨距风力发电机组，一方面对桨叶角度进行变桨距控制，另一方面通过变频器控制发电机转子电流来控制其转速。变桨距控制是一个比较缓慢的过程，它的动作时间以秒计算，对快速变化的风速功率输出效果并不理想，而变频器控制发电机转子电流频率的动作时间在毫秒级以下。因此在高频率的风速变化时，通过变频器瞬时改变发电机转子电流频率可以保证发电机组能跟上风速的频繁变化，使机组功率稳定输出，降低风速对电网冲击的不良影响，同时也可以降低变桨距机构的动作频率，延长变桨距机构的使用寿命。

表 1-1 列举出了变频器的应用效果。

表 1-1   变频器的应用效果

序号	变频器传动的特点	效　果	用　途
1	可以使标准电动机调速	可以使原有交流电动机调速	风机、水泵、空调、一般机械
2	可以连续调速	可选择最佳速度	机床、搅拌机、压缩机、游梁式抽油机
3	起动电流小	电源设备容量可以减小	压缩机
4	最高速度不受电源影响	最大工作能力不受电源频率影响	泵、风机、空调、一般机械
5	电动机可以高速化、小型化	可以得到用其他调速装置不能实现的高速度	内圆磨床、化纤机械、运送机械
6	防爆，安全性好	与直流电机相比，安全性好、体积小、成本低	药品机械、化学工厂
7	低速时定转矩输出	低速时电机堵转也无妨	定尺寸装置
8	可以调节加减速的时间	能防止载重物倒塌	运送机械
9	可以使用笼型电动机，不需维修	不需要维护电动机	生产流水线、车辆、电梯

第 1 章

概

论

1.2 变频器的基本功能

变频器除能实现电动机变频调速的基本功能外，还具有频率控制、自动加/减速、多段速度运行、多种停车方式、多种控制方式、制动、保护和通信等功能。

1. 频率控制

变频器的运行频率可通过操作面板上的功能键设置，或通过功能参数预置，或外部模拟量端子控制，或由上位机通过通信数据控制。

2. 自动加/减速

变频器可实现最优加/减速控制，根据电动机的负载状态自动设定加/减速的最短时间，或者在设定的最短加/减速时间内，将加减速电流控制在允许值之内。

变频器的加/减速有三种方式，即线性方式、S形方式和半S形方式，如图1-2所示。

线性方式：在加速过程中，变频器输出频率在加速时间内输出频率按时间线性增加。减速过程相反，如图1-2中（a）所示。

S形方式：在开始和结束阶段加速进程较缓慢，在中间阶段按线性方式加速，加速过程呈S形。减速过程相反，如图1-2中（b）所示。

半S形方式：在开始阶段加速进程较缓慢，中间阶段按线性方式加速，加速过程呈半S形。减速过程相反，如图1-2中（c）所示。

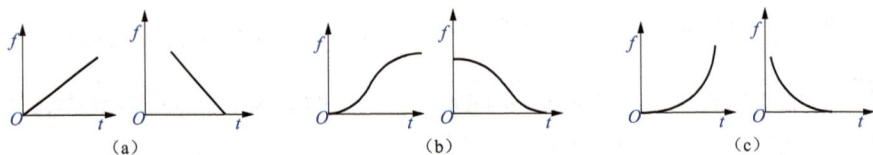

（a）　　　　　　　　　（b）　　　　　　　　　（c）

图1-2　变频器的加/减速方式
（a）线性；（b）S形；（c）半S形

3. 多段速度运行

变频器可根据预设的速度值和运行时间执行多段速度运行，将一个完整的工作过程分为若干个程序步，各程序步的旋转方向、运行速度、工作时间或距离等都可预置，各程序步之间的切换可以自动进行。

4. 多种停车方式

变频器的停车方式可以选择减速停车、自由停车、减速停车＋直流制动，从而减少对机械部件和电动机的冲击，使调速系统更加可靠。

5. 控制功能

变频器具有转矩提升、转差补偿、转矩限定、捕捉再起动功能，还具有矢量控制、PID控制等功能。

6. 制动功能

变频器具有能耗制动和直流制动两种方式。能耗制动是一种磁通制动方式，是指电动机的减速及停车通过降低变频器的输出频率来实现，当变频器降低频率的瞬间，电动机的同步转速随之下降，然而由于机械惯性的原因，电动机的转子转速并不能马上下降。当同步转速 n_0 小于电动机的转子速度时，电动机转子电流的相位改变 $180°$，电动机轴上的转矩变为制动转矩，从而实现制动，电动机上的能量通过制动电阻消耗掉。

直流制动是指当电动机的转速降低到预设的制动速度时，变频器给电动机定子绕组注入直流电压，使电动机停止运转，并在转速为零时锁定转子。

7. 保护功能

变频器具有对变频器自身的故障保护和电动机的故障保护。对变频器自身的故障保护功能有过载保护、过电流保护、再生过电压保护、冷却风机异常等。对电动机的故障保护功能有接地保护、过载保护、过电流保护、过电压保护、欠电压保护、缺相保护、超频保护、失速保护等。

8. 通信功能

变频器带有 RS232/485 通信接口，可实现上位机对变频器的通信功能，接受上位机的运行指令或将变频器的运行状态上传。完善的软件功能和规范的通信协议，可实现灵活的系统组态，组成现场总线系统。

1.3　变 频 器 的 分 类

1. 按变流方式分类

（1）交—交变频器。交—交变频器是把固定频率的交流电直接转换成频率、电压可调的交流电。变换效率高，但所用变流器件较多、成本高，连续可调的频率范围窄，输出频率通常为额定频率的 1/2 以下，常用于大功率（500kW 或 1 000kW 以上）、低速（600r/min 以下）的场合。如轧钢机、球磨机、水泥回转窑等。

（2）交—直—交变频器。交—直—交变频器是先将固定频率的交流电整流为直流电，再把直流电逆变成频率、电压可调的交流电。由于直流电逆变为交流电的环节较易控制，因此在频率范围及改变频率后电动机的特性等方面都有明显的优势，是目前广泛采用的变频器结构。

交—交变频器与交—直—交变频器两种变频器的结构如图 1-3 所示，它们的主要特点比较见表 1-2。

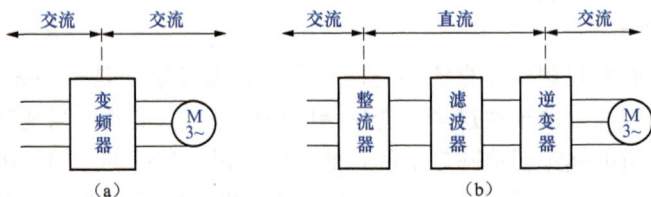

图 1-3　变频器结构框图

(a) 交—交变频器；(b) 交—直—交变频器

表 1-2　　　　　交—交变频器与交—直—交变频器主要特点比较

比较项目 类别	交—交变频器	交—直—交变频器
换能方式	一次换能，效率较高	二次换能，效率略低
换流方式	电压换流	强迫换流或负载换流
装置元件数量	较多	较少
元件利用率	较低	较高
调频范围	输出最高频率为电网频率的 1/3～1/2	较高
电网功率因数	较低	如用可控整流桥调压，则低频低压时功率因数较低；如用斩波器或 PWM 方式调压，则功率因数高
适合场合	低速大功率拖动	可用于各种拖动装置、稳频稳压电源和不间断电源

2. 按电路储能方式分类

(1) 电压型变频器。变频器电路中间环节的储能元件采用大电容缓冲负载的无功功率，如图 1-4 所示。由于大电容的作用，直流电压比较平稳，直流电源内阻较小，相当于电压源，故称电压型变频器。它常用于负载电压变化较大的场合，可以

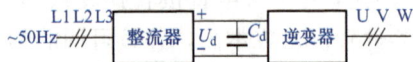

图 1-4　电压型变频器结构

驱动多台电动机并联运行。缺点是不易实现回馈制动，必须制动时，只能采用直流环节并联电阻的能耗制动或者采用可逆整流器，调速系统动态响应比较慢。

(2) 电流型变频器。变频器电路的中间直流环节采用大电感作为储能环节缓冲无功功率，如图 1-5 所示。由于电感的作用，直流电流较平稳，电源内阻抗高，相当于电流源。其优点是容易实现回馈制动，电动机可实现四象限运行，直

流电压可以迅速改变，故调速系统动态响应快。因此电流变频器适用于频繁急加速或减速的大容量电动机的传动。在大容量的风机、泵类节能调速中也有应用。

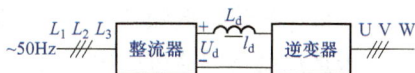

图 1-5　电流型变频器结构

　　电流型变频器与电压型变频器的主要特点比较见表 1-3。

表 1-3　　　　　　　　　　电流型变频器与电压型变频器主要特点比较

比较项目＼类别	电流型变频器	电压型变频器
直流回路滤波环节	电抗器	电容器
输出电压波形	决定于负载，当负载为异步电动机时，近似正弦波	矩形
输出电流波形	矩形	决定于逆变器电压与负载电动机的电势，近似正弦波，有较大的谐波分量
输出动态阻抗	大	小
再生制动	尽管整流器电流为单向，但 L_d 上电压反向容易，再生制动方便，主回路不需附加设备	整流器电流为单向且 C_d 上电压极性不易改变，再生制动困难，需要在电源侧设置反并联有源逆变器
过流及短路保护	容易	困难
动态特性	快	较慢，如用 PWM 则快
对晶闸管要求	耐压高，对关断时间无严格要求	耐压一般较低，关断时间要求短
线路结构	较简单	较复杂
适用范围	单机、多机拖动	多机拖动，稳频稳压电源或不停电电源

　　3. 按控制方式分类

　　（1）U/f（恒压频比）控制变频器。变频器在改变频率的同时改变输出电压，保持 U/f 恒定而得到所需的转矩特性。U/f 控制变频器结构简单，无需速度传感器，为速度开环控制，负载可以是通用标准异步电动机，所以通用性强、经济性好。但速度开环控制方式不能达到较高的控制精度，而且在输出频率较低时必须进行转矩补偿，以改变低频转矩特性，故常用于速度精度要求不高或负载变动较小的场合。

　　（2）矢量控制变频器。将异步电动机的定子电流分解为产生磁场的电流分量和产生转矩的电流分量，并分别加以控制，从而达到控制电动机转矩的目的。采用矢量控制的变频器，不仅在调速范围上与直流电动机相媲美，而且在控制异步电动机转矩性能方面，达到了直流电动机控制转矩的水平。矢量控制变频器具有动态响应速度快，低频转矩大，控制灵活等优点。

矢量控制变频器可应用于要求高速响应的工作机械。如工业机器人驱动系统响应速度至少需要100rad/s（弧度/秒），矢量控制变频器驱动速度响应最高可达1 000rad/s，因此可以保证机器人驱动系统快速、精确地工作。

矢量控制变频器可应用于高精度的电力拖动驱动，如钢板和线材卷取机的张力控制；四象限运转的电动机驱动，如高速电梯的拖动；工作于恶劣工作环境的电动机驱动，如造纸机、印染机需要在高温、高湿并有腐蚀性气体的环境中工作，异步电动机比直流电动机更为合适。

（3）直接转矩控制。直接转矩控制是把定子磁通和转矩直接作为主要控制变量，在等效电动机自适应模型软件中，直接在定子坐标上计算与控制交流电动机的转矩，通过高速数字信号处理器，电动机的状态每秒更新高达几万次。由于电动机状态连续不断地更新，实际值与参考值不断进行比较，由磁通和转矩调节器输出，实现对逆变器中每个开关状态的单独确定，从而对负载突变或其他干扰引起的动态变化作出快速反应，因而可以实现快速转矩响应和较高的转矩控制精度。

变频器各种控制方式的性能特点见表 1-4。

表 1-4　　　　　　　　　　变频器各种控制方式的性能特点

比较项目 \ 类别	U/f 控制		矢量控制		直接转矩控制
	开环	闭环	无速度传感器	带速度传感器	
速度控制范围	<1∶40	<1∶40	1∶100	1∶1 000	1∶100
起动转矩	3Hz 时 150%	3Hz 时 150%	1Hz 时 150%	0Hz 时 150%	0Hz 时 150%
静态速度精度	±(2～3)%	±0.03%	±0.2%	±0.2%	±(0.1～0.5)%
反馈装置	无	速度传感器	无	速度传感器	无
零速度运行	不可	不可	不可	可	可
控制响应速度	慢	慢	较快	快	快
特点 优点	结构简单、调节容易、可用于通用笼型异步电动机	结构简单、调速精度高、可用于通用笼型异步电动机	不需要速度传感器、力矩的响应好、速度控制范围广、结构较简单	力矩的控制性能良好、力矩的响应好、调速精度高、速度控制范围广	不需要速度传感器、力矩的响应好、速度控制范围广、结构较简单
特点 缺点	低速力矩难保证，不能进行力矩控制，调速范围小	低速力矩难保证，不能进行力矩控制，调速范围小，要增加速度传感器	需设定电动机的参数，需要有自动测试功能	需设定电动机的参数，需要有自动测试功能，需有高精度速度传感器	需设定电动机的参数，需要有自动测试功能

4. 按输入电源的相数分类

（1）三进三出变频器。变频器的输入侧和输出侧都是三相交流电，绝大多数变频器都属此类。

（2）单进三出变频器。变频器的输入侧为单相交流电，输出侧是三相交流电，俗称单相变频器。该类变频器通常容量较小，适合在单相电源情况下使用，如家用电器里的变频器均属此类。

5. 按用途分类

（1）通用变频器。通用变频器一般为电压型变频器，具有不选择负载的通用性，应用范围广等特点，适用于多种机械及控制场合。一般情况下与标准电动机结合使用，可获得很好的传动性能。

（2）专用变频器。专用变频器的特点是其具有行业专用性，它针对不同的行业特点集成了可编程控制器以及很多硬件外设，可以在不增加外部器件的基础上直接应用于相应行业中。比如，恒压供水专用变频器就能处理供水中变频与工频切换、一拖多控制等。

1.4　变频器的技术指标

1. 输入侧的技术参数

（1）输入电压 U_{IN}。即输入变频器的电源电压。在我国低压变频器的输入电压通常为 380V（三相）和 220V（单相）。此外变频器还对输入电压的允许波动范围作出了规定，如 $\pm10\%$、$-15\%\sim+10\%$ 等。

（2）相数。如单相、三相。

（3）频率 f_{IN}。即输入变频器电源的频率（常称工频）。我国为 50Hz，频率的允许波动范围通常规定为 $\pm5\%$。

2. 输出侧的技术参数

（1）额定输出电压 U_{ON}。因为变频器的输出电压要随频率而变，所以，U_{ON} 定义为输出的最高电压，通常它和输入电压 U_{IN} 相等。

（2）额定输出电流 I_{ON}。变频器允许长时间输出的最大电流。

（3）额定容量 S_{ON}。变频器额定电压和额定电流的乘积：$S_{ON}=\sqrt{3}U_{ON}I_{ON}$

（4）适用电动机及其容量 P_N。在连续不变负载中，允许配用的最大电动机容量。应该注意，这个容量一般是以 4 极普通交流异步电动机为对象，而 6 极以上的电动机和变极电动机等特殊电动机的额定电流大于 4 极普通交流异步电动机的额定电流，因此在驱动 4 极以上电动机及特殊电动机时就不能单依据此项指标选择变频器，同时还要考虑变频器的额定电流是否满足电动机的额定电流。另外，在生产机械中，电动机的容量主要是根据发热状况来选定的。在变动性负载、断续性负载及短时负载中，只要温升不超过允许值，电动机是允许短时间（几分钟或几十分钟）过载的，而变频器则不允许。所以，在选用变频器时，应充分考虑负载的工况。

（5）过载能力。指变频器的输出电流允许超过额定值的倍数和时间。大多数变频器的过载能力规定为额定电流的 150%，持续 1min。

3. 频率指标

（1）频率范围。变频器输出的最低频率和最高频率，如，0.1～650Hz。

（2）频率精度。指频率的准确度。用变频器在无任何自动补偿时的实际输出频率与给定频率之间的最大误差与最高频率的比值来表示。频率精度与给定方式有关，给定为数字量时，频率精度能达到 ±0.01%，给定为模拟量时，频率精度只能达到 ±0.5%。

（3）频率分辨率。指输出频率的最小改变量，其大小与最高工作频率有关。

我们常把变频器调速看成是无级调速，但从微观上看变频器实际上是有级的，只不过级与级之间的级差很小，所谓分辨率就是这个级差的最小单位。对于一台频率分辨率为 0.01Hz 的变频器，若电机是 4 极电机，则同步转速为 1 500r/min，此时每赫兹对应的转速为 1 500/50＝30r/min。依此计算，当分辨率为 0.01Hz 时，每级转速变化为 0.3r/min。从控制角度看，这个指标将直接影响到控制精度，因此分辨率是一个重要的参数。目前，市售变频器的分辨率可达 0.01Hz，已能满足造纸、拉丝、化纤纺丝等控制精度较高的工艺要求。

图 1-6 为西门子变频器铭牌图。

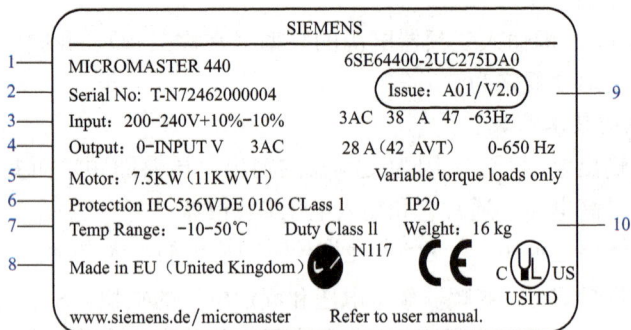

图 1-6　西门子变频器铭牌图

1—变频器型号；2—制造序号；3—输入电源规格；4—输出电流及频率范围；5—适用电动机及其容量；6—防护等级；7—运行温度；8—采用的标准；9—硬件/软件版本；10—重量

第 2 章

变频器的工作原理

2.1 变频器的组成

通用变频器电路广泛采用电压型交—直—交电路结构。一般由整流电路（整流器）、直流中间电路（直流中间环节）、逆变电路（逆变器）和控制电路 4 个部分组成，如图 2-1 所示。整流器、直流中间环节、逆变器是实现电能变换的功率电路，称为变频器的主电路。控制电路为主电路提供控制信号，完成检测、保护，接受外部控制信号，实现输出指示的功能。

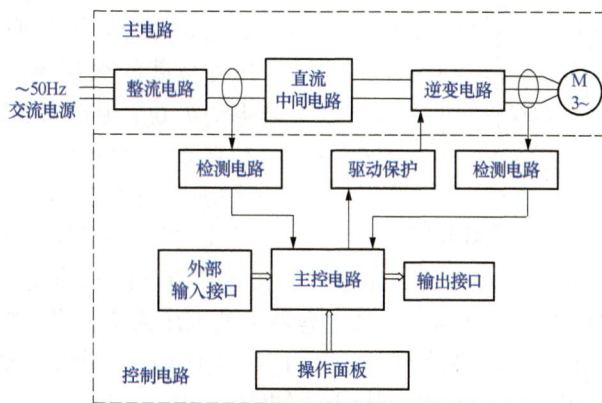

图 2-1　变频器组成结构图

2.1.1　整流电路

变频器的主电路如图 2-2 所示。整流电路由功率二极管 VD1～VD6 组成三相桥式整流电路。它的作用是将工频交流电整流为脉动直流电，输出波形如图 2-3 所示。经滤波电路平波后为逆变电路提供所需的直流电源，其输出平均直流电压 $U_d = 1.35U_1$（U_1 为输入变频器电源线电压值）。当输入三相电源电压为 380V 时，$U_d = 1.35 \times 380 = 513\text{V}$。

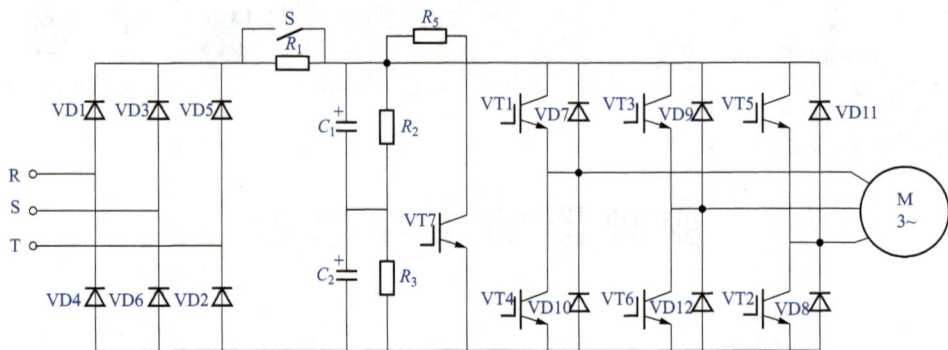

图 2-2 变频器主电路

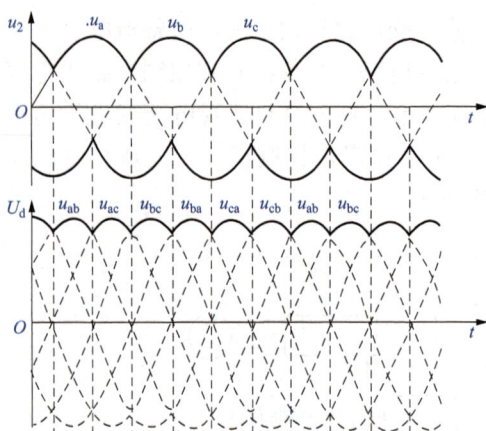

图 2-3 整流电路的输出波形

西门子变频器技术及应用

2.1.2 直流中间环节

变频器直流中间环节由滤波电路、限流电路和制动单元组成。

滤波电路由 C_1、C_2、R_1、R_2、R_3 组成。它的作用是将整流电路输出的脉动直流电变为较为平整的直流电。另外，因为逆变器的负载为感性负载的交流异步电动机，无论电动机处于电动状态还是发电状态，在直流电路和电动机之间，总会有无功功率的交换，这种无功能量要靠滤波电路的储能元件来缓冲。

限流电路由电阻 R_1 和开关 S 组成，串接在整流电路和滤波电路之间。它的作用是在变频器接入电源之前，滤波电容器上的电压为零。当变频器接入电源的瞬间，电容器两端的电压不能突变，仍然为零，此时如有一个很大的冲击电流经整流电路向电容器充电，将使整流元件因过流损坏。串入限流电阻 R_1 可减小冲击电流，但如果限流电阻 R_1 长期接在电路中，会影响直流电压和变频器输出电压值，并消耗能量。所以，当电容 C 上的电压值充电到 75% 时，充电电流随之减小到一定值，就将限流电阻 R_1 切除。切除的方法可用晶闸管或继电器代替开关 S。

制动单元由 VT7、R_5 组成。电动机的减速和停机过程的实质是减小变频器的输出频率。这时，电动机的同步转速低于实际转速，转子上电流方向反向，电动机处于发电制动状态，负载上的机械能反馈到逆变电路上，回馈电流通过 VD7～VD12 给 C_1、C_2 充电，电容器两端电压升高，当电容器两端电压升到一定值时，控制电路控制制动功率管 VT7 导通，电容通过制动电阻 R_5 和 VT7 放电，电阻发热消耗能量，电容两端电压降低，电动机制动。

2.1.3　逆变电路

逆变电路由电力电子全控功率器件 VT1～VT6 和功率二极管 VD7～VD12 构成。它的作用是将直流电变换为频率和电压可调的三相交流电。全控功率器件 VT1～VT6 可采用电力晶体管 GTR、绝缘栅双极晶体管 IGBT 或功率场效应晶体管 MOSFET，在控制电路的控制下交替导通或关断，在输出端得到一系列宽度不等的矩形脉冲波形，通过改变矩形脉冲的宽度，可以控制逆变器输出交流基波电压的幅值。通过改变调制周期，可以控制其输出频率，从而实现输出电压幅值和频率的控制，满足变频调速对电压与频率协调控制的要求。

功率二极管 VD7～VD12 构成续流电路，其功能如下。

（1）为电动机绕组的无功电流返回直流电路提供通路。

（2）当输出频率下降时，电动机的同步转速也随之下降，电动机由电动状态变为发电状态（再生电能），再生电能通过续流电路反馈至直流电路。

（3）为电路的寄生电感在逆变过程中释放能量提供通路。

2.1.4　控制电路

变频器控制电路包括主控电路、信号检测电路、门极驱动电路、外部接口电路、保护电路及操作面板等。控制电路是变频器的核心部分，它的性能指标及功能，决定了变频器品质的好坏。

主控电路是一个高效能的微处理器，配备有高性能的存储器，主要作用有以下 3 个方面。

（1）接受各种信号。其中包括各种功能的预置信号，从键盘或外部输入端输入的给定信号，外部输入端送来的控制信号以及各种检测电路送来的状态信号等。

（2）进行基本运算。包括矢量运算、实时计算 SPWM 波形各切换点的时刻以及其他运算等。

（3）输出计算结果。包括通过驱动电路对逆变器进行波形变换，显示当前的各种状态，以及输出各种信号到外接端子上，便于测试和调整。除此之外，主控电路还可以实现各种控制功能和实施各项保护功能。例如对 SPWM 信号进行起动、停止、升速、降速、点动等控制和故障报警，紧急终止输出等。

检测电路的主要作用是将变频器主电路和电动机的工作状态反馈到微处理器，并按照预先确定的算法进行处理后，为各部分电路提供控制信号和保护信号，以达到控制变频器输出的目的和为变频器和电动机提供必要的保护。

保护电路的主要作用是由微处理器对检测电路得到的各种信号进行算法处理，判断变频器本身或系统是否出现异常，以便进行必要的处理，包括停止变频器的输出。

外部接口电路通常包括控制指令的输入电路、频率指令输入电路、监测信号输出电路以及通信接口电路等。变频器一般有 RS232C、RS485/422 与现场总线的通信接口，以便于变频器与计算机、PLC 的网络通信。

操作面板一般包括操作键盘、数码显示和状态指示等部分。操作键盘用于向主控电路发出各种指令或控制信号，数码显示器则对主控电路提供的工作数据进行显示，状态指示用于监视变频器的运行状况。

2.2 变频器的控制方式

理论上，只要调节交流异步电动机的供电频率 f_1，就可以调节其转速 n，从而实现交流异步电动机的无级调速。实际上，只改变供电频率 f_1 并不能正常调速。

由电机学理论知，当交流异步电动机定子绕组通以三相交流电时，定子绕组上的感应电动势

$$E_1 = 4.44 K_{N1} N_1 f_1 \Phi_m \tag{2-1}$$

式中　E_1——定子绕组感应电动势；

K_{N1}——定子绕组系数；

N_1——定子每相绕组匝数；

f_1——定子绕组感应电动势的频率，即电源的频率；

Φ_m——每极合成磁通量。

电动机转子上的电磁转矩

$$T_e = C_T \Phi_m I_2 \cos\varphi_2 \tag{2-2}$$

由此得出

$$T_e \propto \Phi_m \tag{2-3}$$

式中　T_e——电磁转矩；

C_T——转矩常数；

I_2——转子电流；

$\cos\varphi_2$——转子绕组功率因数。

如果忽略定子上的阻抗压降，由式（2-1）则有

$$\Phi_m = \frac{E_1}{4.44 K_{N1} f_1 N_1} \approx \frac{U_1}{4.44 K_{N1} f_1 N_1} \tag{2-4}$$

由此得出

$$\Phi_m \propto \frac{1}{f_1} \tag{2-5}$$

由式（2-3）、式（2-5）可知：

$f_1 \uparrow \rightarrow \Phi_m \downarrow \rightarrow T_e \downarrow$，即交流异步电动机在频率升高时，转矩下降，如果负载为恒转矩负载时，会因转矩下降而拖不动，严重时堵转。

$f_1 \downarrow \rightarrow \Phi_m \uparrow$，即交流异步电动机在频率下降时，将引起主磁通饱和，励磁电流急剧升高，使电动机铁心损耗增加。

由此可知，当改变交流异步电动机定子侧频率 f_1 进行调速时，电动机的电磁转矩 T_e、磁通量 Φ_m 都会发生变化。因此，在改变电动机定子侧频率 f_1 的同时，还必须考虑如何处理和控制其他物理量，以保证调速系统满足生产工艺的要求。

2.2.1 U/f 恒定控制

为保证在改变异步电动机供电频率 f_1 实现调速时不影响异步电动机的运行性能，从而使主磁通 Φ_m 不发生改变。由式（2-4）可知，主磁通是由电动势 E_1 和电源频率 f_1 共同决定的，对 E_1 和 f_1 进行控制，就可保持主磁通在额定值保持恒定。

1. 基频以下调速

由式（2-4）可知，要保持 Φ_m 不变，必须使

$$\frac{E_1}{f_1} = 常数 \qquad (2-6)$$

但绕组中的感应电动势 E_1 难以直接控制，我们所能控制是定子外加电压和外加频率。由异步电动机稳态等效电路方程

$$U_1 = E_1 + I_1 Z \qquad (2-7)$$

式中　U_1——定子绕组电压；

　　　E_1——感应电动势；

　　　I_1——定子绕组电流；

　　　Z——定子绕组阻抗。

只要频率不要太低，则式（2-7）中的定子阻抗压降 $I_1 Z$ 比 E_1 小得多。因此，在一般情况下，可以忽略定子绕组的阻抗压降 $I_1 Z$，认为

$$U_1 \approx E_1 \qquad (2-8)$$

则得

$$\frac{U_1}{f_1} = 常数 \qquad (2-9)$$

这就是恒压频比的控制方式（简称 U/f 控制），只要保持外加到电动机上的电压 U_1 与频率 f_1 的比值恒定，气隙磁通就可以近似保持恒定，从而使电动机的输出转矩保持恒定。

低频时，U_1 和 E_1 都较小，定子阻抗压降 I_1Z 不能再忽略。这时可人为把 U_1 提高一些，以补偿定子压降，这时恒压频比控制特性如图 2-4 所示。

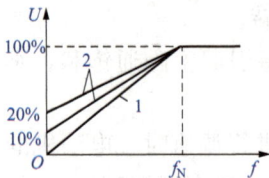

图 2-4　恒压频比控制特性
1—无补偿；2—带定子电压补偿

2. 基频以上调速

当外加电源的频率超过电动机的额定频率时，即基频以上，这时电源电压不能再往上调，保持额定电压不变。由式

$$E_1 \approx U_1 = 4.44K_{N1}N_1f_1\Phi_m \qquad (2\text{-}10)$$

可知，U_1 恒定，当 f_1 上升时，Φ_m 下降。由式（2-3）可知，拖动转矩 $T_e \propto \Phi_m$。因此，随着 f_1 的上调，将会出现拖动转矩的下降，且调频倍数越大，转速越高，拖动转矩将越低，可以认为其乘积近似不变，即

$$P_m = T_e \frac{2\pi n}{60} \approx 常数，为恒功率调速。$$

综合基频以下、基频以上的变频调速控制特性，如图 2-5 所示。这种控制方式又称为标量（V/F）控制，V/F 控制调速系统可以满足异步电动机平滑调速的要求，但静、动态特性有限。

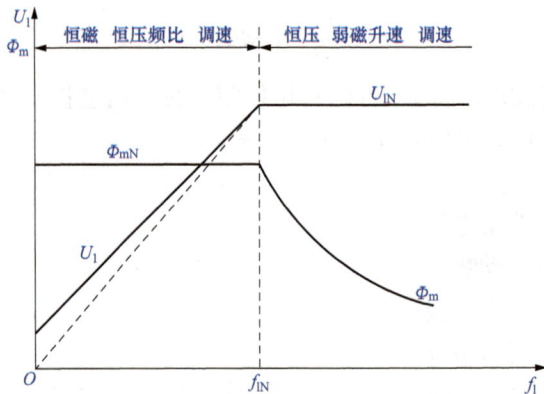

图 2-5　异步电动机变频调速控制特性

2.2.2　矢量控制

根据三相交流异步电动机的转矩表达式：

$$T_e = C_T\Phi_m I_2 \cos\varphi_2 \qquad (2\text{-}11)$$

从式（2-11）中看出，Φ_m、I_2、$\cos\varphi_2$ 都影响电磁转矩 T_e，且 Φ_m 与 I_2 都由定子电流控制，两者不独立，电动机难于直接实现转矩控制。

20 世纪 70 年代，工程师 F. Blaschke 首先提出了矢量控制理论来解决交流电

动机转矩控制问题。矢量控制的思路是将异步电动机在三相坐标系上的定子交流电流 i_A、i_B、i_C 通过三相/两相变换等效成两相静止坐标系上的交流电流 i_α、i_β，再通过同步旋转变换等效成同步旋转坐标系上的直流电流 i_m 和 i_t，如图 2-6 所示。i_m 相当于直流电动机的励磁电流，i_t 相当于与转矩成正比的电枢电流。

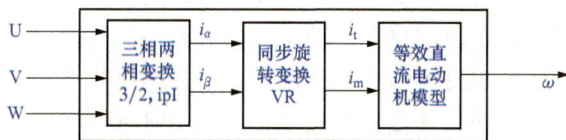

图 2-6 异步电动机的坐标变换结构图

从整体上看，输入为 U、V、W 三相电压，输出是转速 ω，是一台三相交流异步电动机。从内部看，经过 3/2 变换和同步旋转变换，变成一台由 i_m 和 i_t 输入、ω 输出的直流电动机。既然异步电动机经过坐标变换可以等效成直流电动机，那么模仿直流电动机的控制策略，得到直流电动机的控制量，经过相应的坐标反变换，就能够控制异步电动机了。由此看出，矢量控制实质上是利用坐标变换的手段，将交流电动机的定子电流分解成磁场分量电流和转矩分量电流，并分别加以控制，即模仿解耦的直流电动机的控制方式，对电动机的磁场和转矩分别进行控制，以获得类似于直流调速系统的动态性能。由于进行坐标变换的是电流（代表磁通）的空间矢量，所以这种通过坐标变换实现的控制系统称为矢量控制系统，其原理结构如图 2-7 所示。

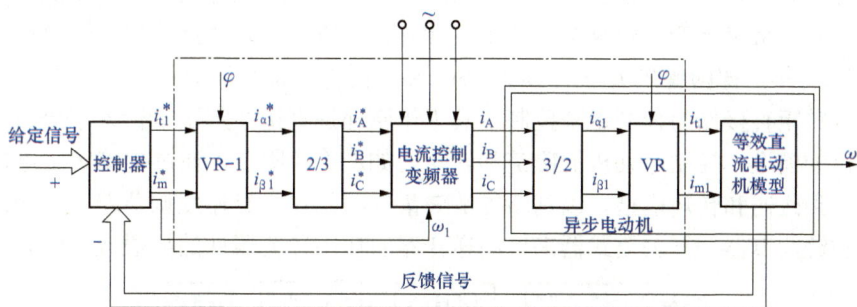

图 2-7 矢量控制系统原理结构图

矢量控制方式中，根据是否需要转速反馈，分为无反馈矢量控制和有反馈矢量控制两种。

无反馈矢量控制是根据变频器测量到的电动机电流、电压和磁通等数据，间接地计算出当前的转速，并进行必要的修正，从而在不同频率下运行时得到较硬机械特性的控制模式。由于计算量较大，故动态响应能力稍差，在许多场合，安装速度传感器（编码器）不方便，同时也是为了降低成本，要求使用无速度传感器（编码器）系统。适用于安装空间较小，控制精度要求不高的场合。

有反馈矢量控制则必须在电动机输出轴上增加转速反馈环节。由于转速大小直接由速度传感器测量得到，既准确又迅速。与无反馈矢量控制模式相比，具有机械特性更硬、频率调节范围更大、动态响应能力强等优点。

矢量控制的性能特点是可从零转速进行控制，调速范围宽，可对转矩进行精确控制，系统响应速度快，速度控制精度高。适合于要求高速响应的工作机械，恶劣的工作环境，高精度的电力拖动，四象限运转的场合。

设置矢量控制功能时应符合下列条件。

（1）变频器只能连接一台电动机。

（2）电动机应尽可能采用变频器厂家的原装电动机，若不是原装电动机，应先进行自整定操作。

（3）所配备电动机的容量应尽可能与变频器说明书中标明的配用电动机容量相配，最多只能小一个等级。

（4）变频器与电动机之间的电缆长度应不大于 50m。

（5）变频器与电动机之间接有电抗器时，应使用变频器的自整定功能改写数据。

2.2.3　直接转矩控制

矢量控制方法的提出具有划时代的意义，然而在实际应用中，由于转子磁链难以准确观测，系统特性受电动机参数的影响较大，且在等效直流电动机控制过程中所用矢量旋转变换较复杂，使得实际的控制效果难以达到理想分析的状态。

1985 年，德国鲁尔大学的 Dcpenbrock 教授首次提出了直接转矩控制变频技术，把转矩直接作为控制量来控制。其工作原理是直接在定子坐标系下分析交流电动机的模型，控制电动机的磁链和转矩。如图 2-8 所示，通过检测定子电压和电流得到磁通和转矩模型，以判断磁链矢量空间位置，经速度调节器、转矩调节器、磁链调节器、开关模式器来控制逆变器的功率开关器件的导通或关断，从而

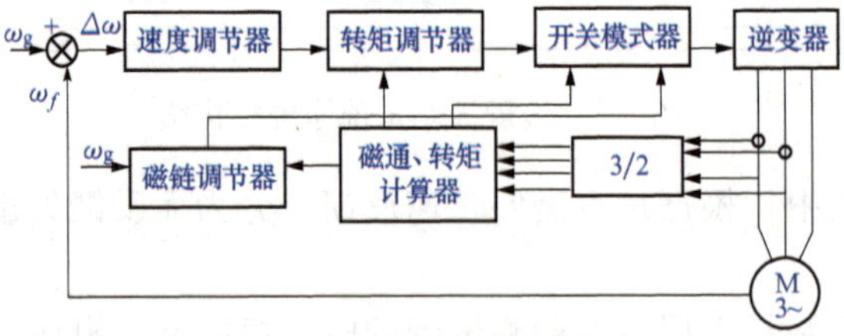

图 2-8　直接转矩控制结构图

对负载突变或其他干扰引起的动态变化作出快速反应。

直接转矩控制不需复杂的数学模型及中间变换环节而能有效地控制转矩，操作简单、调试容易、成本低，可在 0.5～50Hz 时得到 150％～200％ 额定转矩的起动转矩，非常适合用于重载、起重、电力牵引、电梯等设备的拖动。但直接转矩控制在低速时，转矩控制不稳定，易引起传动轴系振荡，它的控制要依赖于精确的电动机数学模型和对电动机参数的自动识别。

2.3 变频器的变频变压原理

如图 2-2 所示，变频器的变频、变压是由逆变电路完成的，也就是通过对功率开关器件 VT1～VT6 的规律性通断控制来实现的。如何控制功率开关器件 VT1～VT6 规律性通断，得到一个频率和电压可调的正弦波呢？

我们期望逆变器输出的电压波形是纯粹的正弦波波形，但就目前技术而言，还不能制造功率大、体积小、输出波形为标准正弦波的可变频变压的逆变器。而较容易实现的一种方法是逆变器的输出波形是一系列等幅不等宽的矩形脉冲波形，这种波形与正弦波等效。等效的原则是每一区间的面积相等，如图 2-9 所示。把一个正弦半波分作 n 等份（图中 n 等于 12，实际应用的 n 为几千赫兹），然后把每一等份的正弦曲线与横轴所包围的面积都用一个与此面积相等的矩形脉冲来代替，脉冲幅值不变，宽度为 δ_i，各脉冲的中点与正弦波每一等份的中点重合。这样，有 n 个等幅不等宽的矩形脉冲组成的波形就与正弦波的正半周等效，称为 SPWM（Sinusoidal Pulse Width Modulation，正弦波脉冲宽度调制）波形。

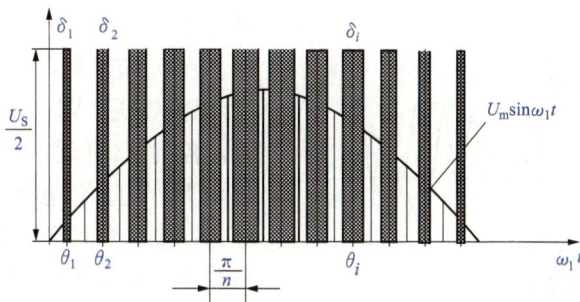

图 2-9　SPWM 等效原理图

虽然 SPWM 电压波形与正弦波相差甚远，但由于变频器的负载是电感性的电动机，而流过电感的电流是不能突变的，当把调制频率为几千赫兹的 SPWM 电压波形加到电动机时，其电流波形就是近似的正弦波了。

根据调制脉冲极性不同，SPWM 分为单极性脉宽调制和双极性脉宽调制两种。

1. 单极性脉宽调制

将信号波 u_r（正弦波）和载波 u_c（三角波）送入调制电路，三角载波信号 u_c 只在正或负的一种极性范围内变化，所得到的 SPWM 波也只处于一个极性的范围内，调制电路产生的 SPWM 波控制信号去控制功率器件的导通或关断，如图 2-10 所示。

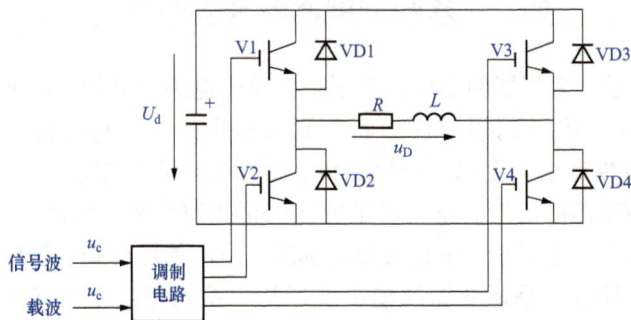

图 2-10　单相 SPMW 逆变电路

在 u_r 正半周，SPWM 控制信号使 V1 保持导通，V2 保持关断。当 $u_r > u_c$ 时，控制 V4 导通，V3 关断，负载上所加电压为直流电源电压 U_d。当 $u_r < u_c$ 时，控制 V4 关断，由于电感负载中的电流不能突变，产生左负右正的感应电动势使 VD3 导通，若忽略功率晶体管和二极管的压降，则负载上所加电压为零，这样负载上可得到零和 U_d 交替的两种电平。

在 u_r 负半周，SPWM 控制信号使 V2 保持导通，V1 保持关断，当 $u_r < u_c$ 时，控制 V3 导通，V4 关断，负载上所加电压为直流电源电压 $-U_d$。当 $u_r > u_c$ 时，控制 V3 关断，由于电感负载中的电流不能突变，产生左正右负的感应电动势使 VD4 导通，若忽略功率晶体管和二极管的压降，则负载上所加电压为零，这样负载上可得到零和 $-U_d$ 交替的两种电平。

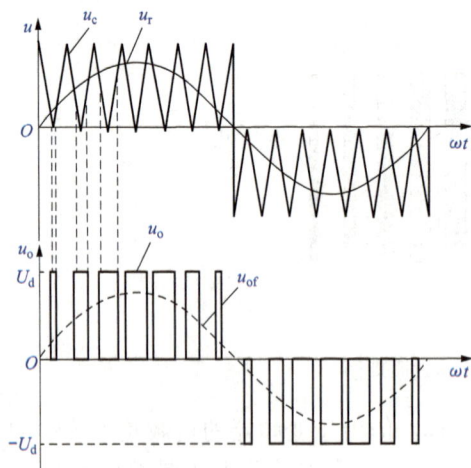

图 2-11　单极性 SPMW 波形

单极性 SPMW 波形如图 2-11 所

示。图中 u_{of} 为 u_o 的基波分量。改变信号波 u_r 的幅值,调制波的脉宽将随之改变,从而改变输出电压的大小;改变信号波 u_r 的频率,输出电压的基波频率随之改变,从而实现逆变电路的调压和调频。

2. 双极性脉宽调制

图 2-10 中,在正弦调制波一个周期内,三角载波信号 u_c 在正负极性之间连续变化,则 SPWM 波也是在正负之间变化。当 $u_r > u_c$ 时,控制 V1 和 V4 导通,V2 和 V3 关断,负载上所加电压为直流电源电压 U_d。当 $u_r < u_c$ 时,控制 V3 和 V2 导通,V1 和 V4 关断,负载上所加电压为直流电源电压 $-U_d$。

双极性 SPMW 波形如图 2-12 所示,同样改变信号波 u_r 的幅值和频率,可实现调压和调频。

通用变频器中,通常采用三相双极性调制方式的 SPMW 逆变器,如图 2-13 所示。电路中两电容容量相等,每个电容器承受的电压均为 $U_d/2$。功率器件 V1~V6 为全控型器件 IGBT 元件,U、V、W 三相共用一个三角形载波信号 u_c,三相调制信号 u_{rU}、u_{rV}、u_{rW} 为相位依次相差 120°的正弦波,调制后产生控制信号控制功率器件 V1~V6 的导通或关断。U、V、W 三相的 IGBT 控制规律相同,以 U 相为例来说明电路的控制过程。当 $u_{rU} > u_c$ 时,SPMW 控制信号控制 V1 导通、V4 关断,U 点通过 V1 与 U_d 正端连接,U 点与假想中点 N′ 之间的电压 $u_{UN'} = U_d/2$;当 $u_{rU} < u_c$ 时,SPMW 控制信号控

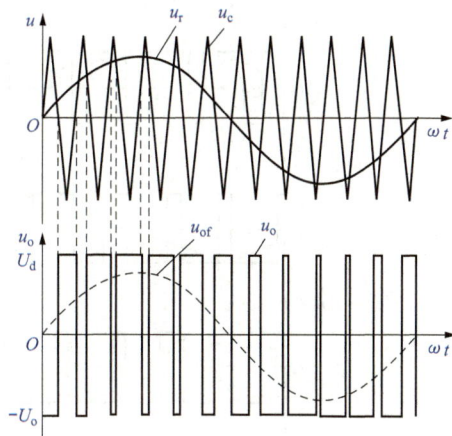

图 2-12 双极性 SPMW 波形

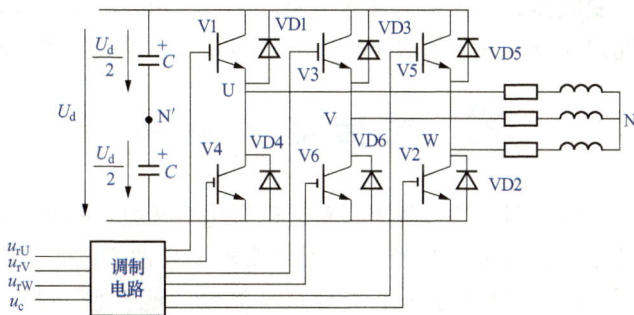

图 2-13 三相桥式 SPWM 逆变器主电路

制 V4 导通、V1 关断，U 点通过 V4 与 U_d 负端连接，U 点与假想中点 N′ 之间的电压 $u_{UN'} = -U_d/2$。V 相和 W 相的控制方式和 U 相相同，$u_{UN'}$、$u_{VN'}$ 和 $u_{WN'}$ 的波形如图 2-14 所示，线电压 u_{UV} 的波形可由 $u_{UN'} - u_{VN'}$ 得出。

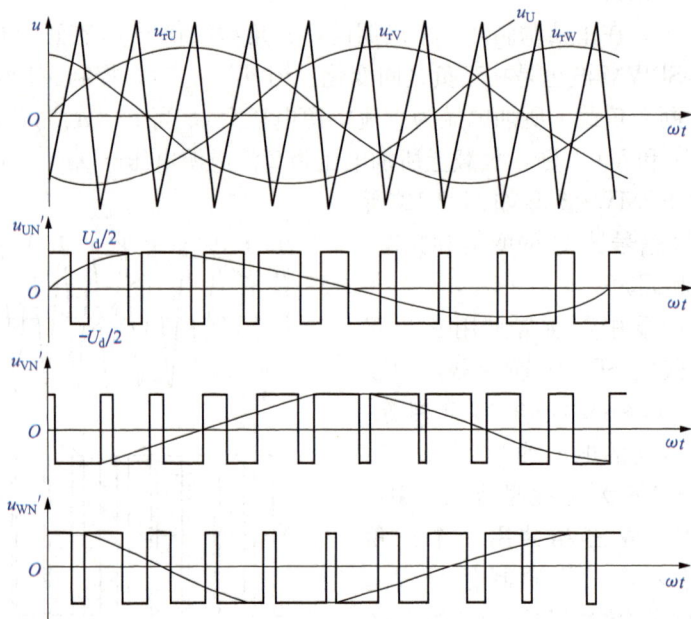

图 2-14 三相 SPWM 波形

三相调制信号 u_{rU}、u_{rV}、u_{rW} 的幅值变小，则逆变器输出电压变低；若三相调制信号 u_{rU}、u_{rV}、u_{rW} 的幅值变大，则逆变器输出电压变高。将三相调制信号 u_{rU}、u_{rV}、u_{rW} 的频率调低（高）时，三个信号的幅度也相应调小（大），则逆变器输出频率也跟随变化。

综上所述，变频器的调压调频过程是通过控制三相调制信号进行的，其频率决定逆变器的输出频率，其幅值决定输出电压的大小，以实现调频调压。

2.4 变 频 器 的 制 动

变频器驱动电动机运行的过程中，对转速变化的减速时间和停机过程的停机时间，变频调速系统通常有一定要求，因此要求变频器必须采取制动措施来实现。通用变频器的电气制动方法主要有直流制动、能耗制动和回馈制动三种方式。

2.4.1 直流制动

直流制动是当变频器的输出频率已降为零，电动机的转速降到一定数值时，向电动机的定子绕组通入直流电流，产生制动转矩，使电动机停车。

如图 2-15 所示，变频器输出频率已降为零后，电动机由于惯性仍在运转，在异步电动机的定子绕组通入直流电流产生固定磁场，如图 2-15（a）所示，旋转的转子导体切割固定磁场感应电流，载流导体受到与转子惯性方向相反的电磁力使电动机迅速停转，如图 2-15（b）所示。

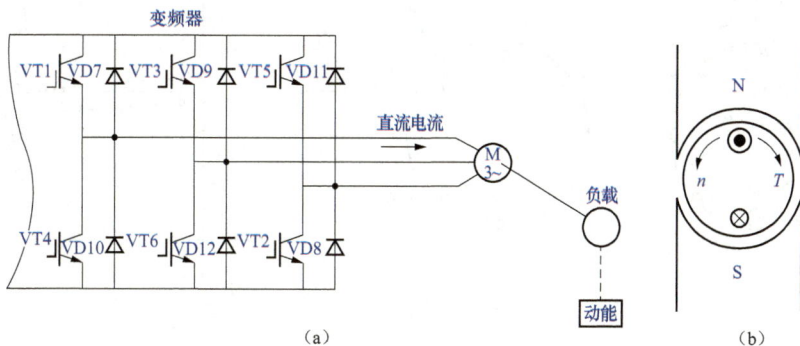

图 2-15　直流制动电路图
（a）定子绕组通入直流电流；（b）制动转矩产生

直流制动是在电动机定子绕组中通入直流电流，以产生制动转矩替代机械制动。但由于设备及电动机自身的机械能只能消耗在电动机内，同时直流电流也通入电动机定子绕组中，所以使用直流制动时，电动机温度会迅速升高，因而要避免长期、频繁使用直流制动。直流制动是不控制电动机速度的，所以停车时间不受控，停车时间随负载、转动惯量等的不同而不同。直流制动的制动转矩也难以实际计算出来的。此方法适应于准确停机控制或制止电动机在运行前自由旋转现象，但不适合频繁起动、制动的场合。使用同步电动机时，不能使用直流制动。

2.4.2 能耗制动

在变频器调速系统中，减速及停车是通过降低变频器的输出频率来实现的。当变频器降低频率的瞬间，电动机的同步转速也随之下降，然而由于机械惯性的原因，电动机的转子转速并不能马上下降。当同步转速 n_0 小于电动机的转子速度时，转子电流的相位改变 $180°$，电动机就从电动状态［见图 2-16（a）］变为发电状态［见图 2-16（b）］。与此同时，电动机轴上的转矩也变为制动转矩，使电动机的转速迅速下降，电动机处于再生制动状态。对于变频器来说，电动机的再生电能经过逆变器的反并联二极管整流后反馈到直流回路。由于通用变频器电网侧采用不可控整流电路，这部分电能无法经过整流回路反馈到交流电网上，因此，仅靠直流电路中的电容器吸收，这样会使电容器两端的直流电压升高（称为泵升电压）。过高的直流电压将使变频器各部分器件受到损害，必须采取必要的措施处理这部分再生能量。常用的方法是采用电阻能耗制动。

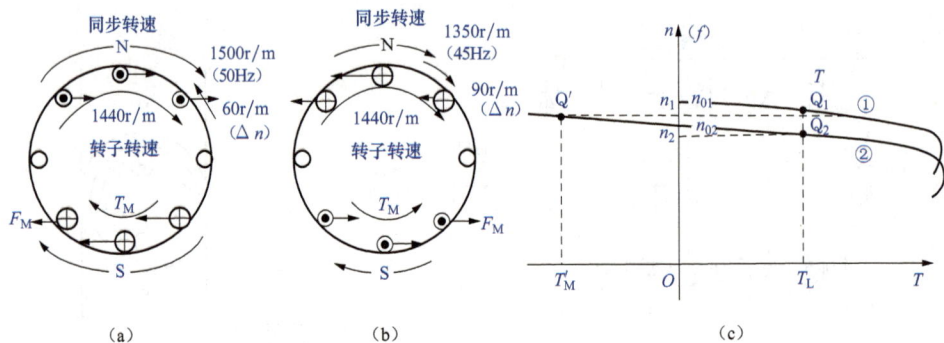

图 2-16　电动机能耗制动

(a) 电动机电动状态；(b) 电动机再生制动状态；(c) 再生制动机械特性

图 2-17 为能耗制动单元控制电路，BV 为能耗电路控制功率管，R_B 为能耗电阻，其等效电路如图 2-17 (b)。它由比较电路、驱动电路组成。当直流回路电压超过设定上限值时，BV 导通，制动电路打开，制动电阻 R_B 流过电流，从而将电能变成热能消耗掉，电压随之下降，待到设定下限值时，制动电路关断，制动电路工作过程如图 2-17 (c) 所示。制动电阻越小，制动转矩越大。

制动单元根据安装形式可分内置式和外置式两种，前者适用于中小功率的通用变频器，后者适用于中大功率变频器或是对制动有特殊要求的工况中。一般情况下，小于 15kW 的变频器，电路内部已配有制动单元并配备制动电阻，15kW 以上变频器内配有制动单元，需外配制动电阻。

制动单元限值电压的选择范围根据品牌的不同从 630V 到 800V 不等，应根据不同电网电压下、不同地区的电压波动来设置。制动限值电压设置过低，会因电网电压升高而使制动单元误动作，烧坏制动电阻。制动限值电压过高，会使变频器长期工作在高电压下，对安全运行有很大影响，特别对于元器件电压等级选择较低的变频器，容易造成元器件损坏。另外，电压过高会使电动机过电压磁饱和，控制精度下降和电动机损耗加大。表 2-1 给出不同电网电压下、电压波动率下的制动限值电压推荐值。

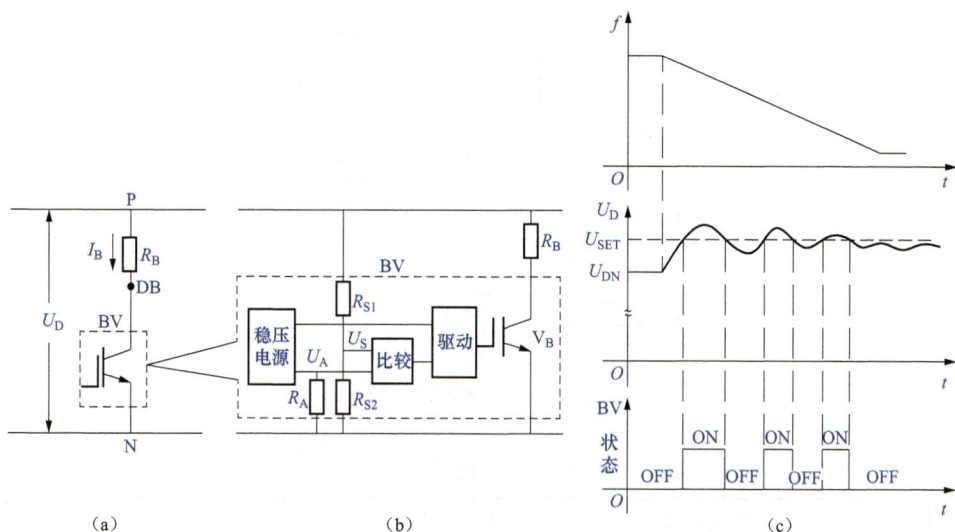

图 2-17　能耗制动控制电路

（a）能耗制动主电路；（b）能耗控制等效电路；（c）工作波形

表 2-1　　　　　　　　　　　制动单元限值电压推荐值

标准电网电压	电压波动率	限值电压推荐值
交流 220V	$-20\%\sim+20\%$	370V DC
交流 380V	$-20\%\sim+20\%$	$690\sim700$V DC
交流 440V	$-15\%\sim+10\%$	$730\sim760$V DC
交流 460V	$-15\%\sim+10\%$	$760\sim790$V DC

2.4.3　回馈制动

回馈制动是指变频器外加回馈制动单元，当电动机处于再生制动状态时，通过回馈制动单元将电动机的再生电能反馈到电网中。此种方法适用于大、中型控制系统的制动。电动机的功率较大（100kW 以上），设备的转动惯量大或者反复短时工作，从高速至低速的降速幅度较大，且制动时间短，为减少制动过程中的能量损耗，将负载的机械能转变为电能反馈到电网中去，以达到节能功效。

如图 2-18 所示，一般通用变频器的整流电路是不可控整流电路，因此无法实现直流回路与电源间双向能量传递，解决这个问题的办法是在变频器的直流母线上接可控逆变单元，当系统检测到直流母线上电压高于某一值时，起动回馈逆变单元，将再生电能逆变为与电网同频率、同相位的交流电能反馈到电网中。

表 2-2 列举了变频器三种制动方式特点。

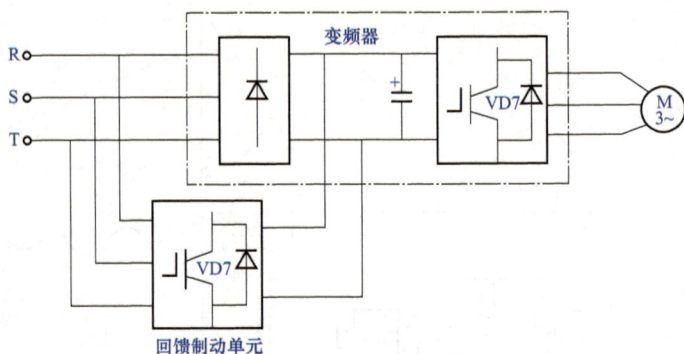

图 2-18　回馈制动电路

表 2-2　　　　　　　　　　　　　各种变频器制动方式特点

制动方式	直流制动	能耗制动	回馈制动
使用限制条件	不能用于电动机频繁起动、制动的场合	不能用于中、大功率电动机频繁起动、制动的场合	不能用于稳压质量不高的电网；电网的短路功率不足时不能用
能量消耗方式	动能转换成电能，以热损耗的形式消耗于电动机的转子回路中	动能转换成电能，以热损耗的形式消耗于制动电阻上	动能转换成电能，反馈给电网
附加条件	不需要	由变频器配置决定	需要
使用场合	用于准确停车控制或用于起动前电动机由外因引起的不规则自由转动	用于小功率电动机频繁起动、制动的控制系统；用于动态指标要求较高的控制系统	用于大、中型控制系统的制动

西门子变频器技术及应用

MM440 变频器

3.1　MM440 变频器概述

3.1.1　MM4 系列变频器的主要特性

　　根据有关专业市场调研机构的统计显示，西门子的高低压变频器在中国市场上的销售额已位居前列，其中 MM4（Micro Master 4）系列是西门子变频器的主流产品，包括 MM410、MM420、MM430、MM440 4 个型号。各型号变频器特点见表 3-1。

表 3-1　　　　　　　　　　　　**MM4 系列变频器特点**

型　号	MM410	MM420
主要应用领域	"廉价型" 供电电源电压为单相交流电，用于三相电动机的变速驱动，例如泵类、风机、广告牌、移动小屋、大门和自动化机械的驱动	"通用型" 供电电源电压为三相交流电，具有现场总线接口的选件，可以用于传送带，材料运输机，泵类、风机的驱动
功率范围	0.12～0.75kW	0.12～11kW
电压范围	100～120V，单相交流； 200～240V，单相交流	200～240V，单相交流； 200～240V，三相交流； 380～480V，三相交流
控制方式	线性 U/f 控制特性； 多点设定的线性 U/f 控制特性（可编程 U/f 控制特性）； 磁通电流控制（FCC）	线性 U/f 控制特性； 多点设定的线性 U/f 控制特性（可编程 U/f 控制特性）； 磁通电流控制（FCC）
过程控制	无	内置 PI 控制器
输入	3 个数字量输入； 1 个模拟输入	3 个数字量输入； 1 个模拟输入
输出	1 个继电器输出	1 个模拟输出； 1 个继电器输出

型　号	MM410	MM420
与自动化系统的接口	可以与 PLC LOGO 和 SIMATIC S7—200 配套使用	可以与 SIMATIC S7—200/300/400 配套使用
附加特点	自然通风； 接线端子的位置与常用的开关器件一致，便于接线	具有二进制互联连接（BiCo）功能

型　号	MM430	MM440
主要应用领域	"水泵和风机专用型" 具有优化的操作面板（BOP），手动/自动切换，和特定控制功能的软件以及优化的运行效率（节能运行）	"适用于一切传动装置" 具有高级矢量控制功能（带有或不带编码器反馈），可用于各种用途，例如传送带系统、纺织机械、电梯、卷扬机和建筑机械等
功率范围	7.5～250kW	0.12～250kW
电压范围	380～480V，三相交流	200～240V，单相交流 200～240V，三相交流 380～480V，三相交流 500～600V，三相交流
控制方式	线性 U/f 控制特性； 多点设定的线性 U/f 控制特性（可编程 U/f 控制特性）； 磁通电流控制（FCC）	线性 U/f 控制特性 多点设定的线性 U/f 控制特性（可编程 U/f 控制特性）； 磁通电流控制（FCC） 矢量控制
过程控制	内置 PID 控制器	内置 PID 控制器（带参数自整定功能）
输入	6 个数字量输入； 2 个模拟输入； 1 个用于电动机过热保护的 PTC/KTY 输入	6 个数字量输入； 2 个模拟输入； 1 个用于电动机过热保护的 PTC/KTY 输入
输出	2 个模拟输出； 3 个继电器输出	2 个模拟输出； 3 个继电器输出
与自动化系统的接口	可以与 SIMATIC S7—200/300/400 配套使用	可以与 SIMATIC S7—200/300/400 配套使用
附加特点	节能运行方式； 负载转矩监控（水泵无水运转监测）； 电动机分级（多泵循环）控制	三组驱动数据可供选择； 集成制动斩波器（可达 75kW）； 转矩控制

3.1.2　MM440 变频器的特点

　　MM440 变频器是全新一代广泛应用的多功能标准变频器。它采用高性能的矢量控制技术，提供低速高转矩输出和良好的动态特性，同时具备超强的过载能力，以满足各种应用场合。创新的 BICO（二进制互联连接）功能具有无可比拟

西门子变频器技术及应用

的灵活性。

1. 主要特性

（1）易于安装。

（2）易于调试。

（3）牢固的 EMC 设计。

（4）可由 IT 中性点不接地电源供电。

（5）对控制信号的响应是快速和可重复的。

（6）参数设置的范围广，可对广泛的应用对象进行配置。

（7）电缆连接简便。

（8）具有多个继电器输出。

（9）具有多个模拟量输出 0～20mA。

（10）6 个带隔离的数字量输入并可切换为 NPN/PNP 接线。

（11）2 个模拟输入，AIN1：0～10V，0～20mA 和－10V 至＋10V；AIN2：0～10V，0～20mA；2 个模拟输入可以作为第 7 和第 8 个数字量输入。

（12）BiCo 二进制互联连接技术。

（13）模块化设计配置非常灵活。

（14）脉宽调制的频率高因而电动机运行的噪声低。

（15）内置 RS485 串行通信接口。

（16）详尽的变频器状态信息和全面的信息功能。

2. 性能特征

（1）具有矢量控制特性，包括无传感器矢量控制（SLVC）和带编码器的矢量控制（VC）两种模式。

（2）U/f 控制，磁通电流控制（FCC）改善了动态响应和电动机的控制特性，多点 U/f 特性。

（3）自动再起动功能。

（4）捕捉再起动功能。

（5）滑差补偿功能。

（6）快速电流限制（FCL）功能避免运行中不应有的跳闸。

（7）电动机的抱闸制动、内置的直流注入制动、复合制动功能改善了制动特性。

（8）外形尺寸为 A～F 的 MM440 变频器内置制动单元。

（9）设定值输入，包括模拟输入、串行通信接口、点动（JOG）功能、电动电位计、固定频率设定值。

（10）斜坡函数发生器，包括起始和结束段带平滑圆弧和起始和结束段不带平滑圆弧。

（11）具有比例积分和微分特性的 PID 控制器。

（12）各组参数的设定值可以相互切换，包括电动机数据组（DDS）和命令数据组和设定值信号源（CDS）。

（13）自由功能块。

（14）直流回路电压控制器。

（15）动力制动的缓冲功能。

（16）定位控制的斜坡下降曲线。

3．保护特性

（1）过电压/欠电压保护。

（2）变频器过热保护。

（3）接地故障保护。

（4）短路保护。

（5）I^2t 电动机过热保护。

（6）PTC/KTY84 温度传感器电动机保护。

3.1.3 MM440 变频器的技术规格

表 3-2 列出了 MM440 变频器的技术规格。

表 3-2 **MM440 变频器的技术规格**

特　性	技　术　规　格
电源电压和功率范围	单相交流（200～240V）±10％；恒转矩方式（CT）：0.12～3.0kW； 三相交流（200～240V）±10％；恒转矩（CT）：0.12～45.0kW，变转矩（VT）：5.5～45.0kW； 三相交流（380～480V）±10％；恒转矩（CT）：0.37～200kW，变转矩（VT）：7.5～250kW； 三相交流（500～660V）±10％；恒转矩（CT）：0.75～75kW，变转矩（VT）：1.5～90.0kW
输入频率	47～63Hz
输出频率	0～650Hz
功率因数	0.98
变频器效率	96％～97％
过载能力（恒定转矩）	外形尺寸 A～F：1.5×额定输出电流（即150％过载），持续时间60s，间隔周期时间300s；2×额定输出电流（即200％过载），持续时间3s，间隔周期时间300s。 外形尺寸 FX 和 GX：1.36×额定输出电流（即136％过载），持续时间57s，间隔周期时间300s；1.6×额定输出电流（即160％过载），持续时间3s，间隔周期时间300s
过载能力（变转矩）	外形尺寸 A～F：1.1×额定输出电流（即110％过载），持续时间60s，间隔周期时间300s；1.4×额定输出电流（即140％过载），持续时间3s，间隔周期时间300s。 外形尺寸 FX 和 GX：1.1×额定输出电流（即110％过载），持续59s，间隔周期时间300s；1.5×额定输出电流（即150％过载），持续时间1s，间隔周期时间300s

特 性	技 术 规 格
合闸冲击电流	小于额定输入电流
控制方式	① U/f 控制：线性 U/f 控制；带磁通电流控制（FCC）功能的线性 U/f 控制；抛物线 U/f 控制；多点 U/f 控制；适用于纺织工业的 U/f 控制；适用于纺织工业的带 FCC 功能的 U/f 控制；独立电压设定值的 U/f 控制。 ② 矢量控制：无传感器矢量控制；无传感器矢量转矩控制；带编码器反馈的速度控制；带编码器反馈的转矩控制
脉冲调制频率	2～8kHz（每级调整 2kHz）
固定频率	15 个，可编程
跳转频率	4 个，可编程
设定值的 分辨率	开关量输入：0.01Hz； 串行通信输入：0.01Hz； 10 位二进制模拟输入 0.1Hz
开关量输入	6 个可编程带隔离开关量输入，可切换为 PNP/NPN
模拟输入	2 个（0～10V，0～20mA 和－10～10V）
模拟输出	2 个（0/4～20mA），可编程
继电器输出	3 个（DC30V/5A 或 AC250V/2A），可编程
串行接口	默认 RS-485，可选 RS-232，可选 PROFIBUS-DP/Device-Net 通信模块
电磁兼容性	可选用 EMC A 或 B 级滤波器，符合 EN55011 标准的要求 也可采用内置 A 级滤波器的变频器
制动	直流注入制动，复合制动、动力制动； 外形尺寸 A～F：带内置制动单元（暂波器）； 外形尺寸 FX 和 GX：带外接制动单元（暂波器—能耗制动单元/电阻，需另配）
温度范围	0.12～75kW：－10～＋50℃（CT） 　　　　　　　 －10～＋40℃（VT） 90kW～200kW：0～＋40℃
相对湿度	＜95％，无结露
存放温度	－40～＋70℃
工作地区的海拔	海拔 1 350m 以下不需要降额使用
冲击和振动	偏移－0.075mm（10～58Hz），加速度－9.8m/s^2（58～500Hz）
保护特征	过电压/欠电压保护（直流部分电压）； 变频器过热保护； 接地故障保护； 短路保护； I^2t 电动机过热保护（短路极限发热）； 具有 PTC/KTY 电动机保护（温度保护）； 电动机失步保护； 电动机锁定保护； 参数连锁
标准	UL，cUL，CE，C-tick

第 3 章　MM440变频器

3.1.4 MM440 变频器的规格尺寸

MM440 变频器有 8 种规格尺寸，用字母 A~F、FX、GX 表示，各型尺寸如图 3-1 所示，图中长度单位为 mm，括号内数字为英寸。

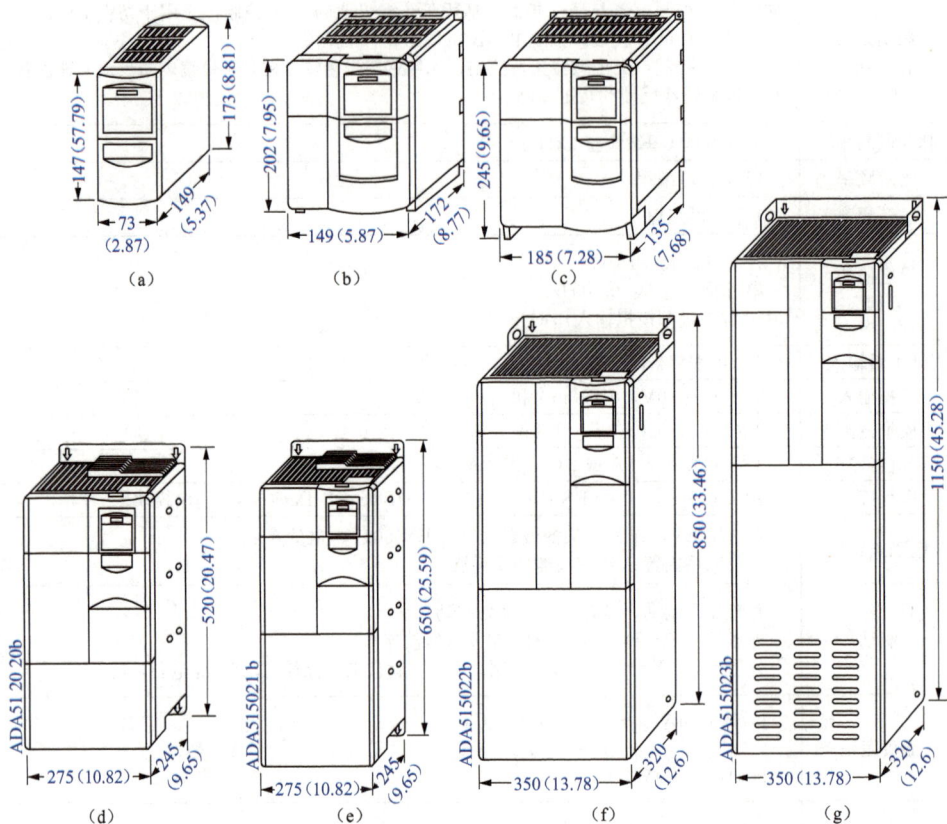

图 3-1 MM440 变频器尺寸

(a) A 型外形尺寸变频器；(b) B 型外形尺寸变频器；(c) C 型外形尺寸变频器；(d) D 型外形尺寸变频器；
(e) E 型外形尺寸变频器；(f) 无滤波器的 F 型外形尺寸变频器；(g) 带有内置滤波器的 F 型外形尺寸变频器

1. A 型 MM440 变频器

(1) 200~240V 单相交流电压输入、三相交流电压输出，功率 0.12~0.75kW。

(2) 380~480V 三相交流电压输入、三相交流电压输出，功率 0.37~1.5kW。

2. B 型 MM440 变频器

（1）200～240V 单相交流电压输入、三相交流电压输出，功率 1.1～2.2kW。

（2）380～480V 三相交流电压输入、三相交流电压输出，功率 2.2～4.4kW。

3. C 型 MM440 变频器

（1）200～240V 单相交流电压输入、三相交流电压输出，功率 3～5.5kW。

（2）380～480V 三相交流电压输入、三相交流电压输出，功率 5.5～11kW。

4. D 型 MM440 变频器

（1）200～240V 单相交流电压输入、三相交流电压输出，功率 7.5～15kW。

（2）380～480V 三相交流电压输入、三相交流电压输出，功率 15～22kW。

（3）500～600V 三相交流电压输入、三相交流电压输出，功率 15～22kW。

5. E 型 MM440 变频器

（1）200～240V 单相交流电压输入、三相交流电压输出，功率 18.5～22kW。

（2）380～480V 三相交流电压输入、三相交流电压输出，功率 30～37kW。

（3）500～600V 三相交流电压输入、三相交流电压输出，功率 30～37kW。

6. F 型 MM440 变频器

（1）200～240V 单相交流电压输入、三相交流电压输出，功率 37～45kW。

（2）380～480V 三相交流电压输入、三相交流电压输出，功率 45～75kW。

（3）500～600V 三相交流电压输入、三相交流电压输出，功率 45～75kW。

3.1.5　MM440 变频器的产品型号

MM440 变频器产品型号如图 3-2 所示的方式，用 9 位数字对产品进行命名。

3.1.6　MM440 变频器可选件

（1）A 级 EMC 滤波器。供以下两种无内置滤波器的变频器选用：200～240V 三相交流输入，A 型和 B 型尺寸的变频器；380～480V 三相交流输入，A 型尺寸的变频器。

（2）B 级 EMC 滤波器。供以下两种无内置滤波器的变频器选用：200～240V 三相交流输入，A 型和 B 型尺寸的变频器；380～480V 三相交流输入，A 型尺寸的变频器。使用这种滤波器时，变频器符合辐射标准 EN55011，B 级，要求电动机电缆采用长度不超过 25m 的屏蔽电缆连接。

（3）附加的 B 级 EMC 滤波器。供内置 A 级 EMC 滤波器的变频器选用，使用这种滤波器时，变频器符合辐射标准 EN55011，B 级，要求电动机电缆采用功率倍率：
（W）
1=10'
2=10'
3=10'
4=10'

变频器功率数值
前两位（W）

外形尺寸：
A, B, C
D, E, F
F=FX
G=GX

产地：
A=欧洲
B=中国

6SE6440　2　U　D　1　3　-　7　A　A　1

防护等级：
0=IP00
1=IP10
2=IP20/22
5=IP56
6=IP65/66
7=IP67

A=内置A级滤波器
B=内置B级滤波器
U=无滤波器

输入电压：
B=1AC　200～240V
C=1/3AC 200～240V
D=3AC　380～480V
E=3AC　500～600V
F=3AC　690～720V

生产批次

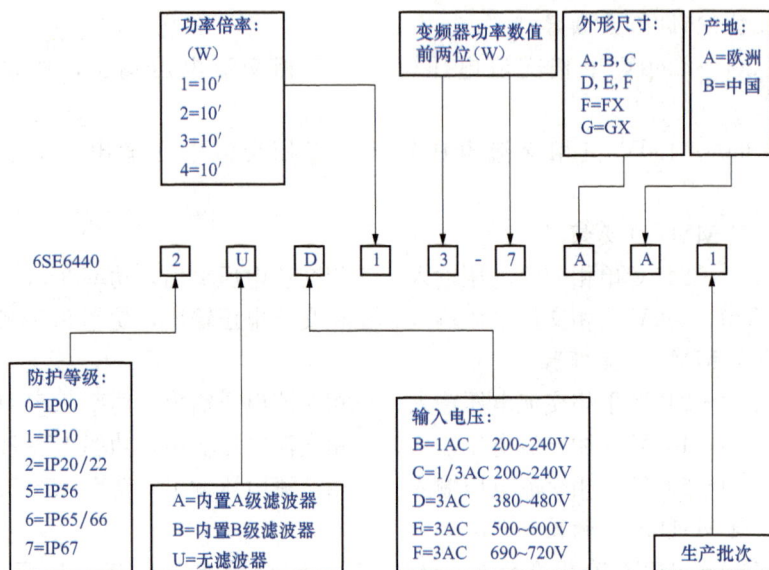

图 3-2　MM440 变频器产品型号命名规则

长度不超过 25m 的屏蔽电缆连接。

（4）LC/正弦滤波器。可以有效地抑制变频驱动中电压和电容充/放电电流的上升率。在采用 LC/正弦滤波器后，连接电动机的屏蔽电缆长度可以大大增长，电动机的使用寿命可以达到由电网直接供电时的寿命，不必再使用输出电抗器。

（5）进线电抗器。进线电抗器用于平滑电源电压中包含的尖峰脉冲或桥式整流电路换相时产生的电压凹陷。此外，进线电抗器可以降低谐波对变频器和供电电源的影响。如果电源阻抗小于 1%，就必须采用进线电抗器以减少电流中的尖峰成分。

（6）输出电抗器。为了降低容性电流和电压变化率，当电动机电缆长度大于 50m（屏蔽线）或 100m（非屏蔽线）时，应采用输出电抗器。

（7）制动电阻。制动电阻用于带有内置制动单元的、外形尺寸为 A～F 的 MM440 变频器，从而使具有大转动惯量的负载能够快速制动。

（8）密封盖板。密封盖板可以对电力电缆和控制电缆的连接加以屏蔽，保证变频器具有优良的 EMC 性能。

（9）独立可选件——基本操作板（BOP）。用于设定参数值，一个 BOP 可供几台变频器共用，可以直接安装在变频器上，也可以利用一个安装组合件安装在控制柜的柜门上。

（10）独立可选件——高级操作板（AOP）。AOP可以非常方便地读出MM440变频器的参数，与BOP相比，AOP可以利用多种语言文本和快速滚动地址，直接显示参数的数值和含义。AOP可以直接插装在变频器上，也可以利用安装组合件安装在控制柜的柜门上，实现与变频器的通信。利用"控制多台变频器的AOP柜门安装组合件"，一个AOP最多可以和30台变频器进行总线通信，数据传输速率为38kband（RS485，USS协议）。为了进行维修，AOP还能支持全部参数组的下载和上传。

（11）独立可选件——PROFIBUS模块。PROFIBUS的数据传输速率可达12MB，通过PROFIBUS模块可以实现变频器的远程控制，利用PROFIBUS模块以及操作面板，既可实现变频器的远程控制，也可进行机旁控制。PROFIBUS模板可以用外接的24V电源供电，这样，当电源从变频器上卸掉时，总线仍然是激活的。本模板利用一个9针的SUB-D型插接器进行连接。

（12）独立可选件——DeviceNet模块。采用现场总线系统DeviceNet把多台变频器连接成网格，其最大数据传输速率可达500kband。通过DeviceNet模块可以对变频器进行远程控制。DeviceNet现场总线系统通过可嵌入的5针插接器（带有接线端子）进行连接。

（13）独立可选件——CANopen模块。用于把变频器与CANopen现场总线系统相连接，从而实现对变频器的远程控制。利用插接在CANopen模块上的AOP或BOP操作板可以使变频器同时具有远程控制和机旁操作的功能。CANopen通信模块通过一个9针的Sub-D插接件与CANopen现场总线系统相连接。

（14）独立可选件——脉冲编码器计数模块。通过脉冲编码器计数模块，可以把数字脉冲编码器与变频器直接连接，其脉冲计数的范围非常宽，它们具有以下功能。

1）电动机零转速时允许具有满负载转矩。

2）高精度的速度控制。

3）提高速度控制和转矩控制的动态响应特性。

4）脉冲编码器计数模块可以与HTL（高电压晶体管逻辑，24V）TTL（晶体管-晶体管逻辑，5V）脉冲编码器一起使用。

（15）独立可选件——PC至变频器的连接件。如果PC已经安装了相应的软件（如STARTER），就可以从PC直接控制变频器。带隔离的RS232适配器板可实现与PC的点对点控制。连接件还包括一个SUB-D插接器和一条RS232标准电缆（长度3m）。

（16）独立可选件——PC至AOP的连接件。用于AOP与PC的连接，由此可以进行变频器的离线编程和参数设定。连接件包括一个 AOP 的桌面安装组合附件，一条 RS232 标准电缆（长度 3m，带 SUB-D 型插接器）和一个通用电源柜门上安装 AOP 的组合件。

（17）独立可选件——调试工具软件 STARTER/Drive Monitor。西门子 MM410，MM420，MM430，MM440 变频器调试运行向导的启动软件，运行在 Windows NT/2000/XP Professional 操作系统环境下。它可以对参数表进行读出、修改、存储、输入和打印等操作。Drive Monitor 是一种面向表格进行参数化的变频器调试启动软件，运行在 Windows 95/98/NT/2000/XP Professional 操作系统的环境下，它具有与 STARTER 类似的功能。

3.2 MM440 变频器的电路结构

MM440 变频器电气原理图如图 3-3 所示，包括主电路和控制电路两大部分。主电路实现电能功率变换，控制电路实现控制信息的收集、变换和传输。

MM440 变频器的主电路为交—直—交、电压型电路结构。由电源输入三相恒压恒频的交流电，经整流滤波后变换为恒定的直流电供给逆变电路。逆变电路在控制电路控制下，将恒定的直流电变换为电压、频率可调的交流电供给三相交流电动机。

控制电路由主控板 CPU、模拟输入/输出模块，数字量输入/输出模块，通信接口和操作面板（键盘及显示）等组成。

在图 3-3 中，端子 1、2 是变频器为用户提供的 10V 高精度直流电源。端子 9、28 提供 24V 直流电源。

AIN1、AIN2 为两路模拟信号输入端，可作为频率给定信号，经变频器内部模数转换，将模拟量转换为数字量，送给 CPU 控制系统。

DIN1～DIN6 为 6 个可编程数字输入端，数字量输入信号经光隔离后输入 CPU，对电动机实现正/反转、固定频率设定值控制。

端子 12、13（AOUT1）和 26、27（AOUT2）为两路模拟量输出端，端子 18、19、20（RL1）、21、22（RL2）、23、24、25（RL3）是三个可编程的数字输出继电器。

端子 29、30 为 RS485 通信接口，实现变频器与计算机、可编程控制器（PLC）及其他可通信设备连接。

操作面板是一个友好的人机界面，带有 LCD 数字显示和几个功能键。利用操作面板可对变频器进行参数设定、运行操作、监测运行状态等。

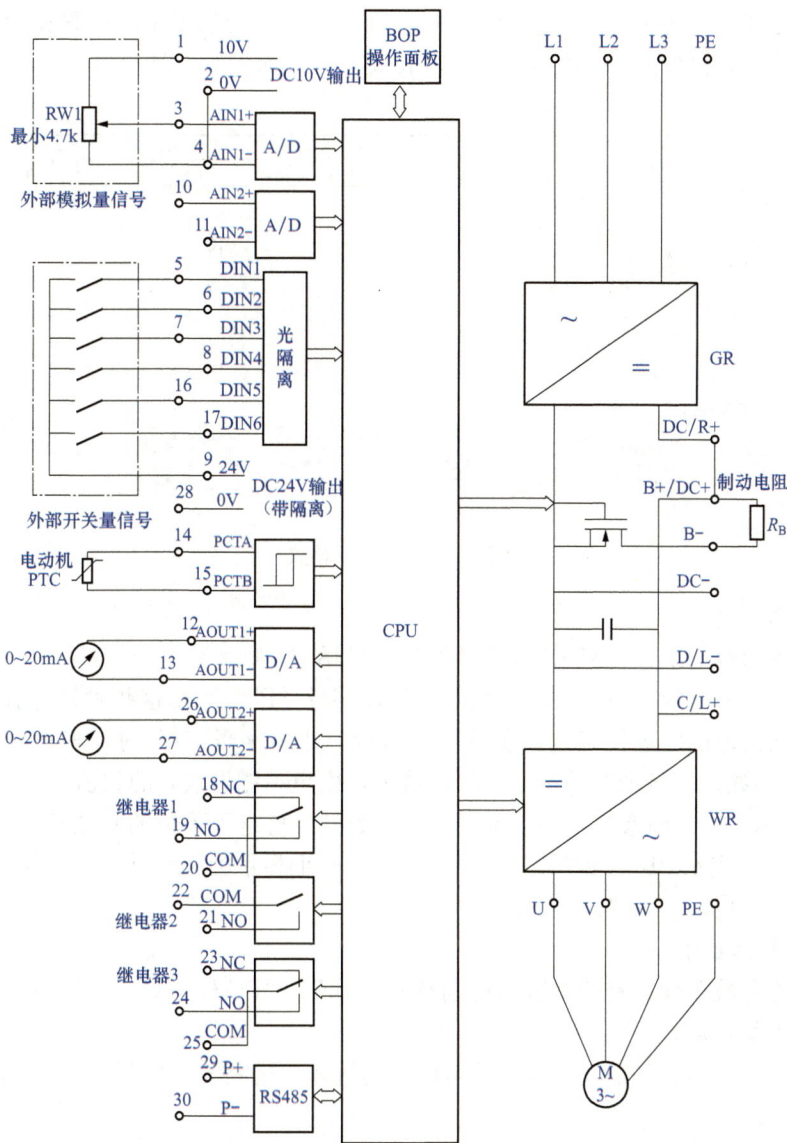

图 3-3 MM440 变频器电气原理图

3.3 MM440 变频器的参数

3.3.1 参数的表示方法

变频器参数是用来设定变频器的功能和工作参数的，对变频器的参数进行适

第 **3** 章

MM440 变频器

37

当的设定就可以使它与实际应用对象的需要相匹配。变频器生产厂家在产品手册中给出参数表，如图 3-4 所示，与参数相关的概念如下。

参数表格式：

P0731[3]	BI: 数字输出 1 的功能		最小值: 0.0	访问级:
CStat:	CUT	数据类型: U32	单位:	缺省值: 52.3	**2**
参数组:	命令	使能有效: 确认	快速调试: 否	最大值: 4000.0	

定义数字输出 1 的信号源。

设定值：

52.0	变频器准备	0	闭合
52.1	变频器运行准备就绪	0	闭合
52.2	变频器正在运行	0	闭合
52.3	变器故障	0	闭合
52.4	OFF2 停车命令有效	1	闭合
52.5	OFF3 停车命令有效	1	闭合
52.6	禁止合闸	0	闭合
52.7	变频器报警	0	闭合
52.8	设定值 / 实际值偏差过大	1	闭合
52.9	PZD 控制（过程数据控制）	0	闭合

参数编排格式：

1 参数号 [下标]	2 参数名称		9 最小值	12 用户访问级
3 CStat:		5 数据类型:	10 最大值:	**1**
4 参数组:		6 使能有效:	7 单位:	11 最大值:	
13	说明			

图 3-4　参数表示格式

1. 参数号

指该参数的编号。MM440 变频器参数号用 P**** 或 r**** 表示，**** 是 0000 到 9999 的 4 位数字。参数号前冠以字母 "P"，表示这些参数的值可以直接在参数值范围内进行修改。参数号前面冠以小写字母 "r" 时，表示该参数是 "只读" 参数，它显示的是特定的参数数值，用户不能更改它的数值。

[下标] 表示该参数是一个带下标的参数并且指定了下标的有效序号。例如，P1000 [0] 表示 P1000 的第 0 组参数，在 BOP 上显示为 1n000，常写作 P1000.0 或 P1000 [0]，[0] 称为 "下标"。

2. 参数名称

指该参数名称。有的参数名称前标有 "BI"、"BO"、"CI"、"CO"、"CO/BO"，其含义如下。

BI—二进制互联输入，即参数可以作为输入二进制的信号源，通常与 P 参数相对应。

BO—是二进制互联输出，即参数可以作为二进制输出，通常与 r 参数相对应。

CI—是模拟量信号互联输入，即参数作为模拟输入量的信号源，通常与 P 参数相对应。

CO—是模拟量信号互联输出，即参数可以作为模拟信号输出量，通常与 r 参数相对应。

CO/BO—是模拟量信号互联输出/二进制互联输出，即该参数可以作为模拟量信号输出或二进制信号输出。

3. CStat

参数的调试状态。参数有三种状态，调试状态 C、运行状态 U、准备运行状态 T，表示该参数在什么状态允许进行修改。对于一个参数可以指定一种、两种或全部三种状态，如果三种状态都指定了，就表示变频器的上述三种状态下，这一参数的设定值都可以修改。

4. 参数组

指具有特定功能的一组参数。

5. 数据类型

参数的有效数据类型见表 3-3。

表 3-3   有 效 的 数 据 类 型

符　号	说　明	符　号	说　明
U16	16 位无符号数	I32	32 位整数
U32	32 位无符号数	Float	浮点数
I16	16 位整数	—	—

6. 使能有效

表示该参数值是否立即有效或者确认有效。立即有效，表示对该参数的数值在输入新的数值后立即进行修改。确认有效，表示面板 BOP 或 AOP 上的 P 键按下后才能使新输入的数值更改。

7. 单位

指测量该参数数值所采用的单位。

8. 快速调试

指示该参数是不是在快速调试状态时进行修改。若标记为"是"，表示该参数在调试参数过滤器 P0010＝1（快速调试状态）时可进行修改参数值。

9. 最小值

指该参数可能设置的最小数值。

10. 缺省值

指该参数出厂时厂家设置的数值，也称出厂默认值。

11. 最大值

指该参数可能设置的最大数值。

12. 访问级

指访问该参数需要的访问等级。

13. 说明

参数说明由若干段落组成，包括对参数功能的解释，参数可能采用的设定值列表、举例、关联及注意事项等。

3.3.2　参数切换命令源

MM440 变频器将参数分为命令参数组（CDS）和驱动参数组（DDS）两大类，每一类又分为三组，其结构如图 3-5 所示。变频器参数的这种分组，使得用户可以根据不同的需要在一个变频器中设置多种驱动和控制的配置，并在适当的时候根据需要进行切换，表 3-4 列出参数组切换命令源，表 3-5 列出参数组切换真值表。对于驱动参数组（DDS）数据，在运行过程中不能进行切换，必须在停机的情况下才能进行切换。

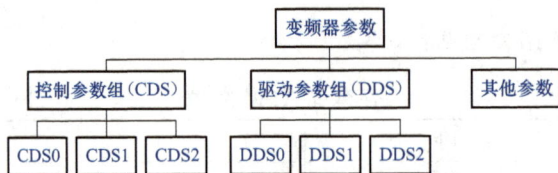

图 3-5　MM440 变频器参数结构图

表 3-4 参数组切换命令源

参数组	切换命令源	已激活参数组	说　明
CDS	P0810、P0811	r0050	CDS 可以在变频器运行中切换
DDS	P0820、P0821	r0051	DDS 只能在变频器停止状态切换

表 3-5 参数组切换真值表

CDS 参数组			DDS 参数组		
P0810	P0811	参数组	P0820	P0821	参数组
0	0	0	0	0	0
1	0	1	1	0	1
X	1	2	X	1	2

出厂默认状态下，P0810＝0、P0811＝0、P0820＝0、P0821＝0，变频器使用的当前参数组是第 0 组参数，即 CDS0 和 DDS0。如不作特殊说明，所访问的参数都是当前参数组。

3.3.3　参数的访问级与分类

参数的访问级是指允许用户访问参数的等级。MM440 变频器参数共有 4 个访问等级：标准级，扩展级，专家级和维修级。每个功能组中包含的参数号，取决于参数访问级设定参数 P0003 的值，见表 3-6。

参数分类是按功能筛选出与该功能相关的参数，据此可以按照功能去访问不同的参数，方便调试，参数分类由参数 P0004 设定，见表 3-7。

表 3-6　　P0003 参数访问级的设定

P0003 的设定值	说　明
1	标准级，包括最经常使用的参数
2	扩展级，包括变频器的 I/O 功能
3	专家级，只供经验丰富的使用人员使用
4	维修级，只有得到授权的维修人员才能修改，具有密码保护

表 3-7　　　　P0004 参数分类的设定

P0004 的设定值	说　明
0	全部参数
2	变频器参数
3	电动机参数
4	速度传感器
5	工艺应用对象或装置
7	命令、二进制 I/O
8	ADC（模/数转换）和 DAC（数/模转换）
10	设定值通道/斜坡函数发生器
12	驱动装置的特征
13	电动机的控制
20	通信
21	报警、警告、监控
22	工艺参量控制器（如 PID）

　　参数分类 P0004 的设定值决定了访问参数的功能和类型，而用户访问级 P0003 的设定值决定了由 P0004 限定的参数类型的访问等级。在访问和设置参数时 P0003 和 P0004 共同限定所访问和设置的参数范围，如图 3-6 所示。

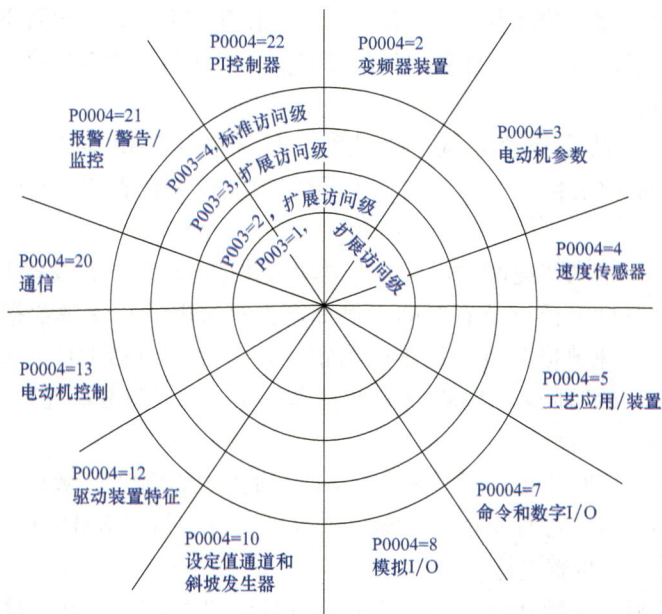

图 3-6　参数访问级及分类示意图

3.3.4 调试参数过滤器

参数 P0010 用来设定对调试相关的参数进行过滤，只筛选出那些与特定功能组相关的参数，其设定值见表 3-8。

表 3-8 P0010 调试参数过滤器的设定

P0010 的设定值	说　明
0	运行准备状态。在变频器投入运行之前应将本参数复位为 0
1	快速调试状态。此状态下只有一些重要的参数显示出来，通常是设置电动机参数和变频器的命令源和信号源，从而达到简单快速运转电动机的一种操作模式
2	用于维修
29	数据传送状态。利用 PC 工具（例如 Drive Monitor，STARTER）传送参数文件，首先应借助于 PC 工具将参数 P0010 设定为 29，并在下载完成以后，利用 PC 工具将参数 P0010 复位为 0
30	复位变频器的参数。变频器将自动地把所有参数复位到出厂设定值

快速调试各步骤完成后，应设定参数 P3900，置 P3900 为 1～3 结束快速调试，立即开始变频器参数的内部计算，然后自动把参数 P0010 复位为 0，这样变频器才能进入运行状态。参数 P3900 的设置意义如下。

P3900＝0，不用快速调试。

P3900＝1，结束快速调试，并按工厂设置使参数复位。此设置下只有通过调试菜单中"快速调试"完成计算的参数设定值才被保留，所有其他参数，包括 I/O 设定值都将丢失。

P3900＝2，结束快速调试。此设置下只计算与调试菜单中"快速调试"（P0010＝1）有关的那样一些参数。I/O 设定值复位为缺省值，并进行电动机参数的计算。

P3900＝3，结束快速调试，只进行电动机数据的计算。此设置下退出快速调试时，保留这些设定值以节省时间（例如，当只有电动机铭牌数据要修改时）。计算电动机的各种数据时重写原来的数值。这些数值包括 P0344（电动机的重量），P0350（去磁时间），P2000（基准频率），P2002（基准电流）。

3.3.5 参数复位

变频器在出厂时均在内部固化了可适应普通应用功能的参数值，当遇到参数设定混乱的情形时，可对变频器的参数恢复出厂设定值。MM440 变频器复位参数的方法按表 3-9 步骤进行。

操作完毕后，参数开始复位，显示面板显示"BUSY"，复位过程大约需要 60s 才能完成。复位完成后，自动退出复位菜单。

表 3-9 **MM440 变频器参数复位操作步骤**

步 骤	操 作	说 明
1	设置参数 P0003＝1	参数访问级，标准级，允许对最常用的参数进行访问
2	设置参数 P0010＝30	快速调试参数过滤器，出厂设置
3	设置参数 P0970＝1	参数复位，将参数恢复为出厂设定值

3.4 MM440 变频器的功能设定

3.4.1 命令源选择

选择命令源就是选择变频器的起停控制方式。变频器常见的起停方式主要有操作面板启停、外部开关信号启停、通信方式启停等方式，可按照实际的需要进行选择，由参数 P0700 设定，见表 3-10。

表 3-10 **P0700 命令源选择设置**

P0700 的设定值	说 明	P0700 的设定值	说 明
0	工厂的出厂设置	4	通过 BOP 链路的 USS 通信控制
1	变频器起停由 BOP（键盘）控制	5	通过 COM 链路的 USS 通信控制
2	变频器起停由数字输入端控制	6	通过 COM 链路的 CB 通信控制

3.4.2 信号源选择

选择信号源就是选择变频器运行频率的给定信号源。要改变变频器的输出频率，必须先向变频器提供改变频率的信号，这个信号就称为"频率给定信号"。变频器常见的频率给定方式主要有操作面板给定、预置给定、外部模拟信号给定、通信方式给定方式，可按照实际的需要进行选择。

（1）面板给定。利用操作面板上的数字增加键（∧或△键）和数字减小键（∨或▽键）进行频率的数字量给定或调整。

（2）预置给定。通过程序预置的方法预置给定频率。变频器起动后即自行升速至预置的给定频率。

（3）外部模拟信号给定。从控制接线端上引入外部的模拟信号，如电压或电流信号，运行频率就可随模拟信号的大小变化。

（4）通信给定。从变频器的通信接口端上引入外部的信号进行频率给定，如 USS 通信、PROFIBUS 通信等。这种方法常用于微机控制或远程控制的情况。

MM440 变频器给定信号源，由参数 P1000 设定，见表 3-11。

与频率有关的还包括最低频率、最高频率、跳跃频率。

（1）最高频率 f_H。允许变频器输出的最高频率。

（2）最低频率 f_L。允许变频器输出的最低频率。

表 3-11　　　　　　　　　　　　　　P1000 信号源选择设置

P1000 的设定值	说　明	P1000 的设定值	说　明
0	无主设定值	15	通过 COM 链路的 USS 设定＋MOP 设定值
1	变频器的运行频率由 BOP（键盘）给定	16	通过 COM 链路的 CB 设定＋MOP 设定值
2	变频器的运行频率由外部模拟信号给定	17	模拟设定值 2＋MOP 设定值
3	固定频率给定	20	无主设定值＋模拟设定值
4	通过 BOP 链路的 USS 通信给定	21	MOP 设定值＋模拟设定值
5	通过 COM 链路的 USS 通信给定	22	模拟设定值＋模拟设定值
6	通过 COM 链路的 CB 通信给定	23	固定频率＋模拟设定值
7	模拟给定值 2	24	通过 BOP 链路的 USS 设定＋模拟设定值
10	无主设定值＋MOP 设定值	25	通过 COM 链路的 USS 设定＋模拟设定值
11	MOP 设定值＋MOP 设定值	26	通过 COM 链路的 CB 设定＋模拟设定值
12	模拟设定值＋MOP 设定值	27	模拟设定值 2＋模拟设定值
13	固定频率＋MOP 设定值	30	无主设定值＋固定频率
14	通过 BOP 链路的 USS 设定＋MOP 设定值	…	…

　　设置 f_H、f_L 的目的是限制变频器的输出频率范围，从而限制电动机的转速范围，防止由于误操作造成事故。设置 f_H、f_L 后变频器的输入信号与输出频率之间的关系如图 3-7 所示。

图 3-7 中，X——输入模拟量信号，电压或电流。

$X \leqslant X_L$ 时，$f = f_L$；

$X_L \leqslant X \leqslant X_H$ 时，f 随 X 的变化成正比例的变化；

$X \geqslant X_H$ 时，$f = f_H$。

（3）跳跃频率。任何机械在运转过程中，都或

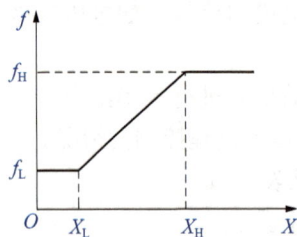
图 3-7　变频器的最高
频率和最低频率

多或少会产生振动。每台机器又都有一个固有振荡频率，它取决于机械的结构。如果生产机械运行在某一转速下时，所引起的振荡频率和机械的固有振荡频率相吻合的话，则机械的振动将因发生谐振而就变得十分强烈，并可能导致机械损坏的严重后果。为了避免这一情况出现，变频器跳过一些不运行的频率，称跳跃频率。MM440变频器可设置4个跳跃频率点，分别由参数P1091～P1094设置，跳跃频率的频带宽度由参数P1101设置，如图3-8所示。

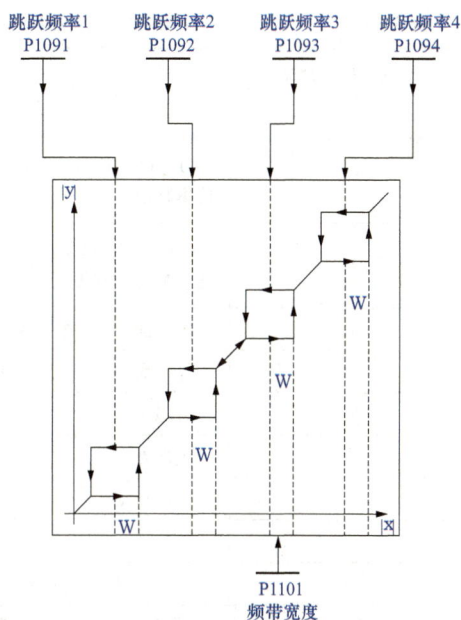

图 3-8　跳跃频率设置图

MM440变频器最低频率、最高频率、跳跃频率的设置参数见表3-12。

表 3-12　　　　**MM440变频器最低频率、最高频率、跳跃频率设置参数**

参数号	说　明	参数号	说　明
P1080	电动机最低运行频率	P1093	跳跃频率 3
P1082	电动机最高运行频率	P1094	跳跃频率 4
P1091	跳跃频率 1	P1101	跳跃频率的频带宽度
P1092	跳跃频率 2		

3.4.3　外部控制端子功能设定

1. 数字输入端功能设定

MM440变频器有6个数字输入端DIN1～DIN6，即端口"5"、"6"、"7"、"8"、"16"和"17"。每一个数字输入端有多种功能，用户可根据需要进行设定。参数P0701～P0706为DIN1～DIN6的功能设定参数，以参数P0701为例（P0702～P0706同P0701）说明DIN1的功能设定。参数P0701参数值范围为0～99，出厂设定值为1，以下列出其中几个常用的设定值，各数值的具体含义见表3-13。

2. 模拟输入端功能设定

MM440变频器有两路模拟量输入AIN1（端子3、4），AIN2（端子10、11），可以通过参数P0756分别设置每个通道属性，其中P0756（0）设置AIN1属性，P0756（1）设置AIN2属性，见表3-14。

表 3-13   **MM440 变频器数字输入端功能设置表**

P0701～P0706 的设定值	说　明
0	禁止数字量输入
1	ON/OFF1。接通时正转，断开时停车命令 1，变频器按选定的斜坡下降速率减速，并停止转动，斜坡下降时间由参数 P1121 设定
2	ON/OFF1。接通时反转，断开时停车命令 1，变频器按选定的斜坡下降速率减速，并停止转动，斜坡下降时间由参数 P1121 设定
3	停车命令 2，按惯性自由停车
4	停车命令 3，按斜坡函数曲线快速减速停车
9	故障确认
10	正向点动
11	反向点动
12	反转
13	MOP（电动电位计）升速（增加频率）
14	MOP 降速（减少频率）
15	固定频率设定值（直接选择）
16	固定频率设定值（直接选择＋ON 命令）
17	固定频率设定值（二进制编码选择＋ON 命令）
25	直流注入制动
29	由外部信号触发跳闸
33	禁止附加频率设定值
99	使 BICO 参数化

表 3-14   **MM440 变频器模拟输入端功能设置表**

P0756 的设定值	含　义	说　明
0	单极性电压输入（0～10V）	
1	带监控的单极性电压输入（0～10V）	"带监控"是指模拟通道具有监控功能，当断线或信号超限时报故障信息 F0080。双极性电压输入只适用于 AIN1
2	单极性电流输入（0～20mA）	
3	带监控单极性电流输入（0～20mA）	
4	双极性电压输入（−10V～10V）	

例如，模拟量通道 AIN1 以电压信号 2～10V 作为频率给定信号，需要根据表 3-15 所列参数对信号进行标定。模拟通道 AIN2 以电流信号 4～20mA 作为频率给定信号，需要根据表 3-16 所列参数对信号进行标定。

表 3-15		模拟通道 AIN1 电压信号标定
参数号	设定值	说　明
P0757 [0]	2	电压 2V 对应 0％的标度，即 0Hz
P0758 [0]	0％	
P0759 [0]	10	电压 10V 对应 100％的标度，即 50Hz
P0760 [0]	100％	
P0761 [0]	2	死区宽度

表 3-16		模拟通道 AIN2 电流信号标定
参数号	设定值	说　明
P0757 [1]	4	电压 4mA 对应 0％的标度，即 0Hz
P0758 [1]	0％	
P0759 [1]	20	电压 20mA 对应 100％的标度，即 50Hz
P0760 [1]	100％	
P0761 [1]	4	死区宽度

注意，在参数设置完成后，还需将 I/O 面板上的拨码开关拨至与设置参数相对应的位置，如图 3-9 所示。模拟输入端子端电压/电流信号输入接线如图 3-10 所示。图 3-11 所示为模拟输入通道的功能结构。

如果有必要，模拟输入端还可作为数字输入端使用，按图 3-12 所示接线，AIN1 标记为 DIN7，AIN2 标记为 DIN8。当输入端电压小于 1.75VDC 时视为断开状态，输入电压大于 3.70V DC 时视为闭合状态。

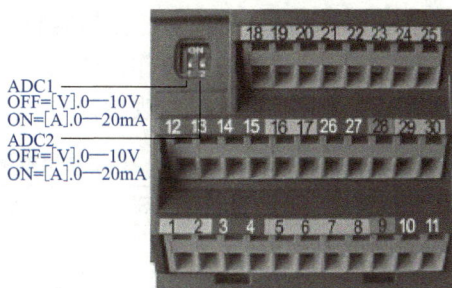

图 3-9　MM440 变频器 I/O 板拨码开关设置

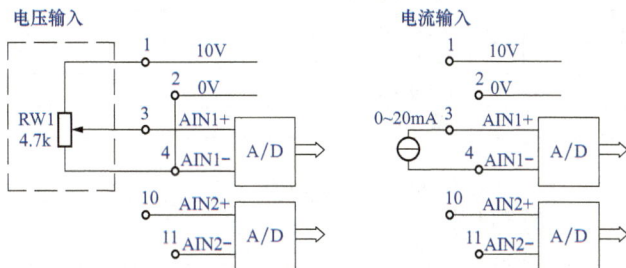

图 3-10　模拟输入端电压/电流信号输入接线

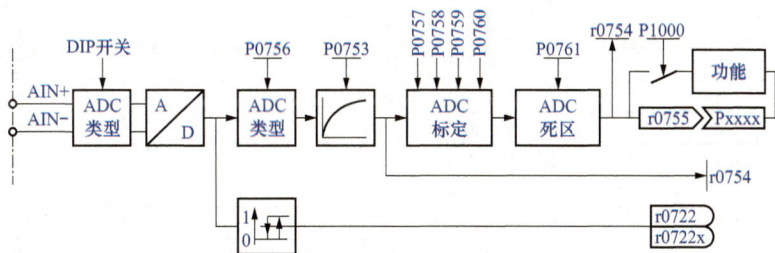

图 3-11　模拟输入通道功能结构图

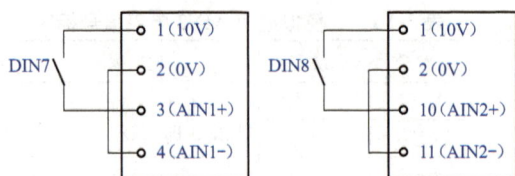

3. 输出端继电器设定

MM440 变频器有 3 个可编程的数字输出继电器，数字输出继电器 1（端子 18、19、20），数字输出继电器 2（端子 21、22），数字输出继电器 3（端子 23、24、

图 3-12 模拟输入端作数字输入端接线图

25），可以将变频器当前的状态以开关量的形式用继电器输出，方便用户通过数字输出继电器的状态来监控变频器的内部状态量，而且每个输出逻辑可以通过参数 P0748 按位进行取反操作。变频器出厂时，3 个数字输出继电器出厂设定输出状态见表 3-17，可通过修改参数 P0731～P0733 改变其输出状态，见表 3-18。

表 3-17 数字输出继电器出厂设定状态

断电器编号	对应参数	默认值	功　能	输出状态
继电器 1	P0731	52.3	故障监控	继电器得电
继电器 2	P0732	52.7	报警监控	继电器得电
继电器 3	P0733	52.2	变频器运行中	继电器得电

表 3-18 数字输出继电器状态设置

P0731～P0733 的设定值	功　能	状　态
52.2	变频器正在运行状态	0 闭合
52.3	变频器故障状态	0 闭合
52.4	OFF2 停车命令有效状态	0 闭合
52.5	OFF3 停车命令有效状态	0 闭合
52.7	变频器报警状态	1 闭合
52.A	已达最大频率状态	1 闭合
52.B	电动机电流极限报警状态	0 闭合
52.C	电动机电磁抱闸投入状态	0 闭合
52.D	电动机过载	1 闭合
52.E	电动机正向运行	0 闭合
52.F	变频器过载	1 闭合
53.0	直流注入制动投入	0 闭合
53.1	变频器频率低于跳闸极限值	0 闭合
53.2	变频器低于最小频率	0 闭合
53.3	电流大于或等于极限值	0 闭合
53.4	实际频率大于比较频率	0 闭合
53.5	实际频率低于比较频率	0 闭合
53.6	实际频率大于/等于设定值	0 闭合
53.7	电压低于门限值	0 闭合
53.8	电压高于门限值	0 闭合
53.A	PID 控制器的输出在下限幅值（P2292）	0 闭合
53.B	PID 控制器的输出在上限幅值（P2291）	0 闭合

图 3-13 是利用数字输出继电器实现变频器故障监控的电路。变频器出现故障时，数字输出继电器 1 闭合，警铃 HA、信号灯 HL 得电，发出声光报警信号。变频器处于故障报警状态时，数字输出继电器 2 闭合，继电器 KA 得电，其触点闭合，向外送出报警信号。

4. 模拟量输出端设定

MM440 变频器有两路模拟量输出，模拟输出 1（端子 12、13），模拟输出 2（端子 26、27），出厂默认值为 0～20mA 电流输出，如果需要输出电压信号，可以在相应端子并联一个 500Ω 电阻。模拟量输出端需要输出的物理量可以通过参数 P0771 设置，参数 P0771［0］设定模拟输出 1 的功能，参数 P0771［1］设定模拟输出 2 的功能，见表 3-19。如果需要也可通过设置相关参数将输出信号标定为 0～50Hz，对应 4～20mA 输出，见表 3-20。

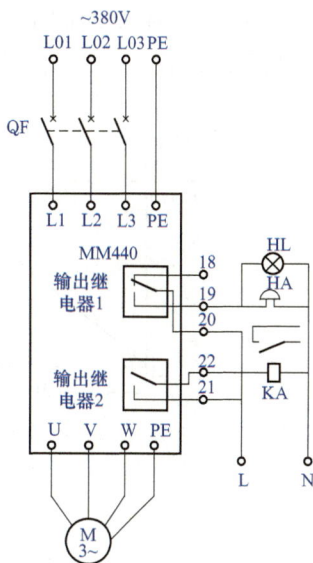

图 3-13 MM440 变频器故障监控电路

表 3-19 模拟输出功能设置

参数号	设定值	参数功能	说　明
P0771	21	实际频率	模拟输出信号与所设置的物理量呈线性关系
	25	输出电压	
	26	直流电压	
	27	输出电流	

表 3-20 标定为 0～50Hz 对应 4～20mA 输出参数设定

参数号	设定值	说　明
P0777	0	0Hz 对应的输出电流
P0778	4	4mA
P0779	100%	50Hz 对应的输出电流
P0780	20	20mA

为了实现信号的匹配，D/A 转换通道还包括滤波器、死区等若干功能单元，在转换之前对数字信号进行处理，如图 3-14 所示。

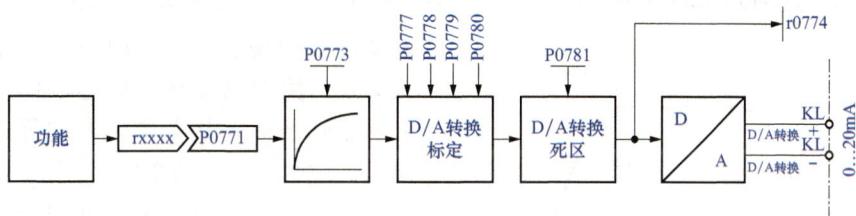

图 3-14 D/A 通道功能单元

3.4.4 加减速时间

加速时间是指电动机从静止状态加速到最高频率所需要的时间，由参数

P1120 设定。减速时间是指电动机从最高频率减速到静止停车所需要的时间，由参数 P1121 设定，如图 3-15 所示。

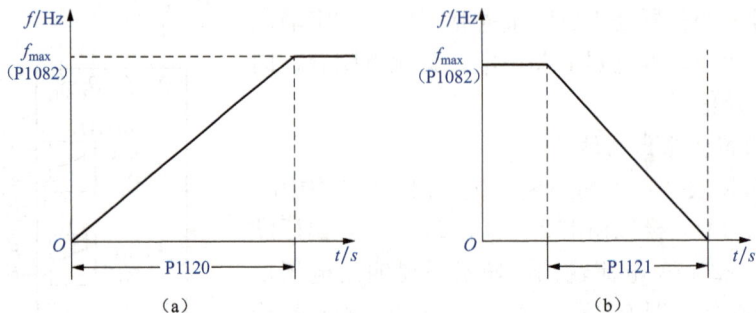

图 3-15　变频器加减速时间
(a) 加速时间；(b) 减速时间

　　加速时间的设定要兼顾起动电流和起动时间。加速时间设置的约束是将起动电流限制在过电流范围内，不应使过电流保护器动作，以确保电动机在 1.5 倍的额定电流下能平稳过渡到正常运行状态。一般情况下负载重时加速时间长，负载轻时加速时间短。可用试验的方法调整加速时间的长短，一般使起动过程中的电流不超过额定电流的 1.1 倍为宜。

　　减速时间的设定要兼顾制动电流和制动时间。电动机在减速运行期间，电动机可能处于再生发电制动状态，传动系统中所储存的机械能转换为电能并通过逆变器反馈到直流侧，可能导致中间回路的储能电容器两端电压上升。因此，减速时间设置的约束是防止直流回路电压过高。重负载制动时，制动电流大可能损坏电路，设置合适的减速时间，可减小制动电流。水泵制动时，快速停车会造成管道"空化"现象，损坏管道。

　　对输送易碎物品的传送机、电梯、搬运传递负载的传送带以及其他需要平稳改变速度的场合，则采用 S 形加速方式为宜。例如电梯在开始起动以及转入等速运行时，从考虑乘客的舒适度出发，应减缓速度的变化。

　　图 3-16 为 S 形加减速曲线图，将 S 曲线划分为 3 个时间段：起始段、上升段、结束段。将每个阶段的时间按百分比分配，就可以得到一条完整

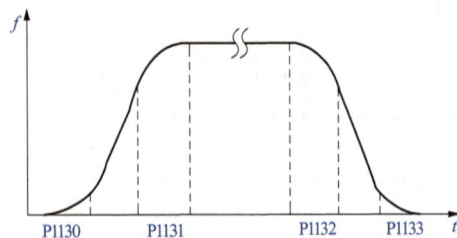

图 3-16　S 形加减速曲线图

的 S 型曲线。因此，只需要知道三个时间段中的任意两个，就可以得到完整的 S 曲线。表 3-21 表示了 MM440 变频器 S 形加减速曲线设置。

表 3-21 S 形加减速曲线设置

参数号	说　　明
P1130	斜坡上升曲线的起始段圆弧时间（s）
P1131	斜坡上升曲线的结束段圆弧时间（s）
P1132	斜坡下降曲线的起始段圆弧时间（s）
P1133	斜坡下降曲线的结束段圆弧时间（s）
P1134	平滑圆弧的类型。 P1134＝0，连续平滑，圆弧的平滑作用在任何时候都有效。突然降低输入值时，可能出现超调。 P1134＝1，断续平滑，加速过程中突然降低输入值时，平滑圆弧不起作用

3.4.5　控制方式选择

MM440 变频器的控制方式有 U/f 控制方式和矢量控制方式。

U/f 控制方式包括以下几种方式。

（1）线性 U/f 控制，其控制特性如图 3-17 所示，适用于工作转速不在低频段的一般恒转矩调速对象。

（2）带磁通电流控制（FCC）功能的线性 U/f 控制。这一特性可以在静态（稳态）或动态（磁通电流控制 FCC）负载下补偿定子上的电压损耗，特别适用于定子电阻高的电动机。

（3）抛物线 U/f 控制。控制特性如图 3-18 所示，这种方式适用于风机、泵类负载。通常，这类负载的轴功率近似地与转速的三次方成正比，其转矩近似地与转速的二次方成正比。因此，对于这类负载，如果变频器采用线性 U/f 控制的话，低速时电动机的可用转矩远远大于负载转矩，从而造成无功功率增加，功

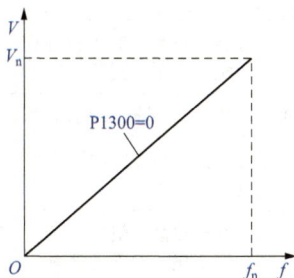

图 3-17　线性 U/f 控制特性　　　　图 3-18　抛物线 U/f 控制

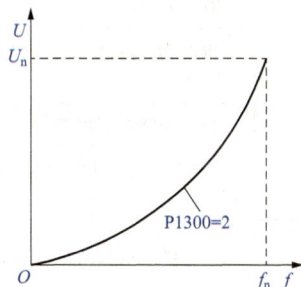

U

U_{max} r0071

U_n P0304

P1300=3

P1325

P1323

P1321
P1310

f_0 0Hz f_1 P1320 f_2 P1322 f_3 P1324 f_n P0310 f_{max} P1082 f

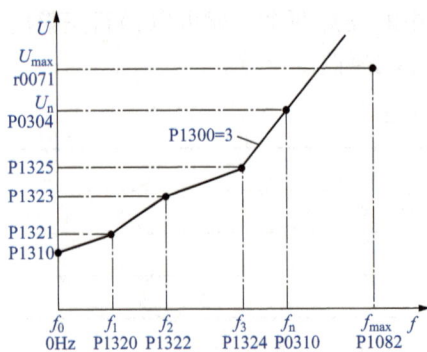

图 3-19 特性可编程的 U/f 控制

率因数和效率的严重下降。为了适应这种负载的需要，使其输出电压随着输出频率的减少而与二次方关系减小，从而减少电动机的磁通和励磁电流，使功率因数保持在适当范围。

（4）特性可编程的 U/f 控制。这种特性输出电压与频率的关系可通过编程设定，如图 3-19 所示。适用于负载在特定的频率下需要电动机提供特定的转矩，可设置参数 P1320、P1322、P1324 来确定可编程的 U/f 特性频率坐标，对应 P1321、P1323、P1325 为可编程的 U/f 特性电压坐标。

（5）适用于纺织工业的 U/f 控制，考虑了纺织机械的工艺要求，具有转差补偿或谐振阻尼功能，电流最大值随电压的变化而变化。

（6）适用于纺织工业的带 FCC 功能的 U/f 控制。

（7）具有独立电压设定值的 U/f 控制。用户可以输入要求变频器输出的电压，而不用管频率的大小。

矢量控制包括无传感器矢量控制、有传感器的矢量控制、无传感器的矢量-转矩控制和带传感器的矢量-转矩控制 4 种方式。

MM440 变频器的控制方式由参数 P1300 设定，见表 3-22。

表 3-22 P1300 控制方式选择

P1300 的设定值	含　义	说　明
0	线性特性的 U/f 控制	用于降转矩和恒转矩负载
1	带磁通电流控制（FCC）的 U/f 控制	用于提高电动机效率和改善动态响应特性
2	带抛物线特性（平方特性）的 U/f 控制	用于降转矩负载，获得较理想的工作特性，例如，风机、水泵控制等
3	特性曲线可编程的 U/f 控制	可人为调整 U/f 控制特性，满足特殊要求
4	节能运行（ECO）方式的 U/f 控制	自动搜寻并运行在电动机功率损耗点，达到节能目的
5	用于纺织机械的 U/f 控制	有转差补偿或谐振阻尼功能，电流最大值随电压变化而变化，而不是频率
6	用于纺织机械的带磁通电流控制（FCC）功能的 U/f 控制	有转差补偿或谐振阻尼功能，可以提高电动机效率和改善动态响应特性

P1300 的设定值	含　义	说　明
19	具有独立电压设定值的 U/f 控制	电压设定值由参数 P1330 给定，与斜波函数发生器频率无关
20	无传感器的矢量控制	用固有的转差补偿对电动机速度进行控制，低频运行转矩大、瞬态响应快、速度控制稳定
21	带传感器的矢量控制	机械特性硬、频率调节范围大、动态响应能力强
22	无传感器的矢量-转矩控制	可以控制电动机的转矩，通过设定转矩给定值，使变频器输出转矩维持在设定值
23	带传感器的矢量-转矩控制	设定转矩给定值，跟踪输出转矩变化，控制精度高，动态响应好

3.4.6 停车和制动

1. 停车方式

MM440 变频器接收到停机命令后就从运行状态转入到停机状态，停车有三种方式，OFF1 方式、OFF2 方式和 OFF3 方式。

（1）OFF1 停车方式。变频器接到停机命令后，按照参数 P1121 所设定的斜坡下降时间停车。该方式适用于大部分负载的停机。

（2）OFF2 停车方式。变频器接到停机命令后，立即中止输出，负载按照机械惯性自由停止。变频器通过停止输出来停机，这时电动机的电源被切断，拖动系统处于自由制动状态。由于停机时间的长短由拖动系统的惯性决定，故也称为惯性停机。该方式适用于设备需要急停，配合机械抱闸使用。

（3）OFF3 停车方式。变频器接到停机命令后，变频器按照 P1135 所设定的斜坡下降时间停车。该方式适用于设备需要快速停车的场合。

2. 制动方式

MM440 变频器提供了直流制动、能耗制动及复合制动三种制动方式，其功能和参数设置见表 3-23。

表 3-23　　　　　　　MM440 变频器制动方式

制动方式	功　能	设置参数
直流制动	变频器向电动机定子绕组输入直流电流	P1230=1，直流制动使能 P1232，直流制动强度 P1233，直流制动持续时间 P1234，直流制动的起始频率

制动方式	功　能	设置参数
能耗制动	变频器通过制动单元和制动电阻，将电动机反馈的能量以热能的形式消耗掉	P1237＝0～5，能耗制动制动周期。P1237＝0，禁止动力制动；P1237＝1，工作/停止时间的比率为5%；P1237＝2，工作/停止时间的比率为10%；P1237＝3，工作/停止时间的比率为20%；P1237＝4，工作/停止时间的比率为50%；P1237＝5，工作/停止时间的比率为100%； 　P1240＝0，禁止直流电压控制器，从而防止斜坡下降时间的自动延长
复合制动	将 OFF1 的停机方式与直流制动相结合的制动方式	P1236＝0，禁止复合制动； P1236＝1～250，定义直流制动电流的大小，以电动机的额定电流的百分值表示

3.4.7　捕捉再起动和自动再起动

捕捉再起动是变频器快速地改变输出频率，去搜索正在旋转电动机的实际转速，一旦捕捉到电动机的实际转速值，使电动机按常规斜坡函数曲线加速运行到频率设定值。其功能由参数 P1200 设定，见表 3-24。捕捉再起动还可通过参数 P1202 设定，捕捉再起动功能所用的搜索电流，数值以电动机额定电流的百分值表示。通过参数 P1203 设定一个搜索速率，变频器在捕捉再起动期间按照这一速率改变其输出频率，使它与正在运转的电动机同步。

捕捉再起动通过自寻速功能对电动机速度进行检测，输出与电动机速度相当的频率，使电动机平稳无冲击地起动，可以节约电能，优化生产过程，电动机无需停止就可起动。

表 3-24　　　　　　　　　　　捕捉再起动功能设置

P1200 的设定值	说　　　明
0	禁止捕捉再起动功能
1	捕捉再起动功能总是有效，从频率设定值的方向开始搜索电动机的实际速度
2	捕捉再起动功能在上电、故障、OFF2 命令时激活，从频率设定值的方向开始搜索电动机的实际速度
3	捕捉再起动功能在故障、OFF2 命令时激活，从频率设定值的方向开始搜索电动机的实际速度
4	捕捉再起动总是有效，只在频率设定值的方向搜索电动机的实际速度
5	捕捉再起动功能在上电、故障、OFF2 命令时激活，只在频率设定值的方向搜索电动机的实际速度
6	捕捉再起动功能在故障、OFF2 命令时激活，只在频率设定值的方向搜索电动机的实际速度

西门子变频器技术及应用

自动再起动是变频器在主电源跳闸或故障后，变频器停止运行，当电源恢复后重新起动的功能。需要设置变频器起动命令由外部数字量起动并且起动开关保持闭合时才能进行自动再起动，其功能由参数 P1210 设定，见表 3-25。自动再起动的次数由参数 P1211 设定。

表 3-25   自动再起动功能设置

P1210 的设定值	说 明	P1210 的设定值	说 明
0	禁止自动再起动	4	在主电源消失后再起动
1	上电后跳闸复位	5	在主电源中断或故障后再起动
2	在主电源中断后再起动	6	在主电源消失、电源中断或故障后再起动
3	在主电源消失或故障后再起动		

自动再起动功能用于电源恢复后生产可以继续进行，无需人员值班的场合。

3.4.8 温度保护

MM440 变频器设有专用于连接 KTY84 或 PTC 温度传感器的接入端，起到提高变频器的输出特性和保护电动机的作用。

KTY84 或 PTC 温度传感器通常埋入电动机定子绕组内，监测电动机绕组的温度。KTY84 是一种半导体温度传感器，特性如图 3-20（a）所示，产生一个线性的温度信号，用于提供温度的反馈信号，提高变频器的输出特性，保护电动机。PTC（Positive Temperature Co-efficient）是正温度系数电阻，当温度达到某一值时，电阻迅速上升，特性如图 3-20（b）所示。当电动机温度超高时，使变频器产生报警或跳闸信号。

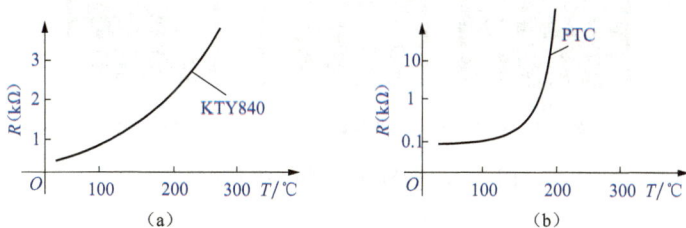

图 3-20 温度传感器特性
(a) KTY85 特性；(b) PTC 特性

如果连接的温度传感器出现故障，变频器也会产生一个故障信号，使变频器跳闸。温度传感器的类型由参数 P0601 设置。

P0601=0，无温度传感器。

P0601=1，PTC 温度传感器。

P0601=2，KTY84 温度传感器。

温度传感器参与变频器的控制过程如图 3-21 所示。

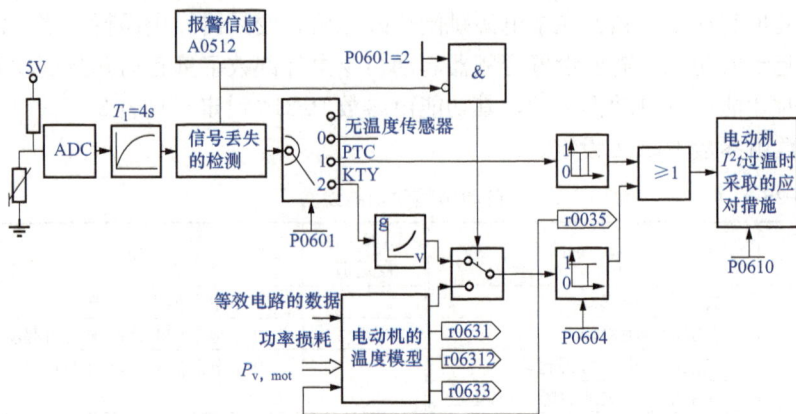

图 3-21　温度传感器参与变频器的控制过程

3.5　MM440 变频器的操作面板

　　MM440 变频器可配置基本操作面板（BOP），高级操作面板（AOP），状态显示板（SDP），如图 3-22 所示。本书介绍基本操作面板（BOP）的使用。

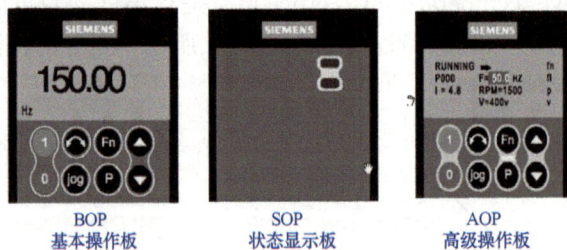

BOP
基本操作板

SOP
状态显示板

AOP
高级操作板

图 3-22　MM440 变频器操作面板

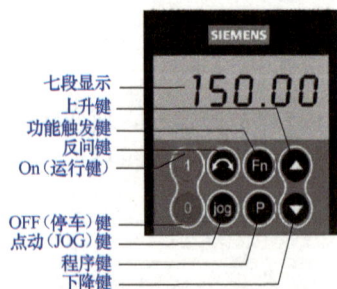

图 3-23　BOP 操作面板图

七段显示
上升键
功能触发键
反问键
On（运行键）

OFF（停车）键
点动（JOG）键
程序键
下降键

　　基本操作面板（BOP）如图 3-23 所示，具有以下功能。

　　（1）显示功能。BOP 具有 5 位数字的七段显示码，可显示参数号、参数值、报警/故障信息和运行状态值。

　　（2）用 BOP 上的按键可修改参数。

　　（3）控制功能。可实现变频器的起停控制，改变转动方向的控制，点动控制。注意 MM440

变频器出厂缺省值时，只能由数字量输入信号控制电动机运行，BOP上的按键被封锁（禁止使用），需要修改参数后才能使用。

BOP操作面板上各功能键功能见表3-26。

表3-26　　　　　　　　　　　　BOP操作面板键盘功能

功能键	功　能	说　明
（I）	起动键	按此键起动变频器。工厂出厂默认此键是被封锁的，为了使此键的操作有效，应设定参数P0700＝1
（O）	停止键	停止命令1（OFF1）：按此键，变频器将按选定的斜坡下降速率减速停车；工厂出厂默认此键被封锁，为了允许此键操作，应设定参数P0700＝1。 停止命令2（OFF2）：按此键两次（或一次，但时间较长）电动机将在惯性作用下自由停车。此功能总是有效的
（方向键）	方向健	按此键可以改变电动机的转动方向。电动机的反向用负号"－"表示或用闪烁的小数点表示。工厂出厂默认此键是被封锁的，为了使此键的操作有效，应设定参数P0700＝1
（jog）	点动键	在变频器无输出的情况下按此键，将使电动机起动，并按预设定的点动频率运行。释放此键时，变频器停车。如果变频器和电动机正在运行，按此键无效
（Fn）	功能键	此键用于浏览辅助信息。 变频器运行过程中，在显示任何一个参数时按下此键并保持不动2s，将显示以下参数值（在变频器运行中，从任何一个参数开始）。 （1）直流回路电压（V）。 （2）输出电流（A）。 （3）输出频率（Hz）。 （4）输出电压（V）。 （5）由参数P0005选定的数值［如果P0005选择显示上述参数中的任何一个（3、4或5），这里将不再显示］。 连续多次按下此键，将轮流显示以上参数。 在显示任何一个参数（rXXXX或PXXXX）时短时间按下此键，将立即跳转到r0000，如果需要的话，可以接着修改其他的参数。跳转到r0000后，再按此键将返回原来的显示点。 在出现故障或报警的时，按此键可以将操作面板上显示的故障或报警信息复位
（P）	访问参数键	按此键即可访问参数
（▲）	增加数值键	按此键可增加面板上显示的参数号或参数值
（▼）	减少数值键	按此键可减少面板上显示的参数号或参数值

使用操作面板（BOP）设置参数值可按表3-27所列步骤操作，表中以设置

参数 P0004 为例说明操作过程。带有下标的参数设置按表 3-28 所列步骤操作，表中以设置参数 P0971 为例说明操作过程。

表 3-27　　　　　　　　基本操作面板（BOP）设置参数操作示例

	操作步骤	显　示	说　明
1	按 ⓟ 访问参数	r0000	进入参数设置状态，从参数 r0000 开始
2	按 ▲ 直到显示出 P0004	P0004	参数号 P0004
3	按 ⓟ 进入参数数值访问级	0	参数 P0004 的当前值
4	按 ▲ 或 ▼ 达到所需要的数值	3	将 P0004 值修改为 3
5	按 ⓟ 确认并存储参数的数值	P0004	参数号 P0004
6	按 ▼ 直到显示出 r0000	r0000	参数号减小到 r0000
7	按 ⓟ 返回标准的变频器显示		退出参数设置状态

表 3-28　　　　　　　　基本操作面板（BOP）设置下标参数操作示例

	操作步骤	显　示	说　明
1	按 ⓟ 访问参数	r0000	进入参数设置状态，从参数 r0000 开始
2	按 ▲ 直到显示出 P0719	P0719	参数号 P0719
3	按 ⓟ 进入参数数值访问级	in000	下标 1n000
4	按 ⓟ 显示当前的设定值	0	参数 P0719 下标 1n000 参数值
5	按 ▲ 或 ▼ 选择运行所需要的最大频率	3	修改参数值为 3
6	按 ⓟ 确认并存储 P0719 的设定值	P0719	参数号 P0719
7	按 ▼ 直到显示出 r0000	r0000	参数号减小到 r0000
8	按 ⓟ 返回标准的变频器显示（有用户定义）		退出参数设置状态

3.6　MM440 变频器的参数设置

3.6.1　参数设置步骤

通常一台新的变频器使用前，一般按下面 3 个步骤进行参数设置。

参数复位 ⇒ 快速调试 ⇒ 功能调试

第一步，参数复位。将变频器所有参数恢复为工厂出厂值（也称默认值、缺省值），在变频器初次使用时或参数出现混乱时需要此操作。

第二步，快速调试。需要用户输入所控制电动机的相关参数和一些基本驱动控制参数，使变频器可以良好地驱动电动机运转。一般在参数复位操作后，或者更换电动机后需要进行此操作。

第三步，功能参数设置。按照生产工艺的需要进行的其他参数设置操作。

3.6.2　快速调试

变频器的快速调试是指通过设置电动机的额定参数和变频器的命令源及频率给定源，从而达到简单快速运转电动机的一种操作方式。快速调试按以下步骤进行。

（1）设置用户参数访问级 P0003＝1。

（2）设置参数过滤器 P0004＝0。

（3）设置调试参数过滤器 P0010＝1。P0010 对与调试相关的参数进行过滤，设置范围如下。

P0010＝0，准备运行。

P0010＝1，快速调试。

P0010＝30，工厂的缺省设置值。

（4）设置参数 P0100 选择工作地区。P0100 用于确定功率设定值的单位和电源频率，其设置范围如下。

P0100＝0，欧洲，功率单位 kW；频率缺省值为 50Hz。

P0100＝1，北美洲；功率单位 hp；频率缺省值为 60Hz。

P0100＝2，北美洲；功率单位 kW；频率缺省值为 60Hz。

我国使用 MM440 变频器，应设定 P0100＝0。在改变使用地区参数 P0100 前，首先要使驱动装置停止工作。

（5）设置参数 P0205 确定变频器的应用对象。P0205 设置范围如下。

P0205＝0，恒转矩对象。

P0205＝1，变转矩对象。

（6）设置参数 P0300 选择电动机的类型。P0300 设定值范围如下。

P0300＝1，异步电动机。

P0300＝2，同步电动机。

（7）设定电动机的额定参数。将电动机铭牌的额定参数设置到变频器的相应参数中，表 3-29 电动机铭牌数据对应变频器的参数如下。

表 3-29 电 动 机 铭 牌 数 据

三相异步电动机					
型号	Y180M—4	功率	18.5kW	电压	380V
电流	35.9A	频率	50Hz	转速	1 470r/min
接法	△	工作方式	连续	外壳防护等级	IP44
产品编号	×××××	重量	180kg	绝缘等级	B 级
××电机厂			××××年××月		

电动机的额定电压 P0304。

电动机额的定电流 P0305。

电动机的额定功率 P0307。

电动机的额定速度 P0311。

电动机的额定频率 P0310。

电动机额定功率因数 P0308。

电动机额定效率 P0309。

以上电动机的铭牌的额定参数设定只能在快速调试参数 P0010＝1 时才能修改。额定电压、电流、功率、速度、频率的参数访问级为 1，电动机额定功率因数、额定效率的参数访问级为 2。

（8）设置参数 P0335 确定电动机的冷却方式。P0335 设置范围如下。

P0335＝0，利用安装在电动机轴上的风机自冷。

P0335＝1，采用单独供电的冷却风机进行强制冷却。

P0335＝2，自冷和内置冷却风机。

P0335＝3，强制冷却和内置冷却风机。

（9）设置参数 P0640 确定电动机的过载系数。P0640 设置范围为 10.0％～400.0％，它确定以电动机额定电流（P0305）的百分值表示的最大输出电流限制值，在恒转矩方式下，P0640 设置为 150％，在变转矩方式下，P0640 设置为 110％。

（10）设置参数 P0700 选择命令源。命令源指由何种信号起动变频器，

P0700 的设置范围如下。

P0700＝1，由基本操作板（BOP）控制变频器起停。

P0700＝2，由数字输入端控制变频器起停。

P0700＝4，通过 BOP 链路的 USS 通信设置。

P0700＝5，通过 COM 链路的 USS 通信设置（经由控制端 29 和 30 连接）。

P0700＝6，通过 COM 链路的 CB（通信模块）设置。

（11）设置参数 P1000 选择频率给定源。频率给定源的选择指由何种信号控制变频器的运行频率，P1000 的设置范围如下。

P1000＝1，运行频率由 AOP/BOP 设定。

P1000＝2，运行频率由外部模拟输入信号设定。

P1000＝3，固定频率设定。

P1000＝4，通过 BOP 链路的 USS 通信设置。

P1000＝5，通过 COM 链路的 USS 通信设置。

P1000＝6，通过 COM 链路的 CB（通信模块）设置。

P1000＝7，运行频率由外部模拟输入信号设定。

（12）设置参数 P1080 确定电动机的电动机最低运行频率。电动机最低频率的设定值范围为 0.0～650.0Hz，工厂缺省值为 0.00Hz。

（13）设置参数 P1082 确定电动机的电动机最高运行频率 P1082。电动机最高频率的设定值范围为 0.0～650.0Hz，工厂缺省值为 50.0Hz。

（14）设置参数 P1120 确定斜坡上升时间。斜坡上升时间是电动机从静止状态加速到最高频率所用的时间，设定值范围为 0～650s。斜坡上升时间不能太短，否则可能因过电流而导致变频器跳闸。

（15）设置参数 P1121 确定斜坡下降时间。斜坡下降时间为电动机从最高频率减速到静止停车所用的时间，设定值范围为 0～650s。斜坡下降时间不能太短，否则可能因过电流或过电压导致变频器跳闸。

（16）设置参数 P1300 选择变频器的控制方式。P1300 的设置范围如下。

P1300＝0，线性 U/f 控制特性。

P1300＝1，带磁通电流控制（FCC）的 U/f 控制。

P1300＝2，带抛物线特性的 U/f 控制。

P1300＝3，特性曲线可编程的 U/f 控制。

P1300＝5，用于纺织机械的 U/f 控制。

P1300＝6，用于纺织机械的带 FCC 功能的 U/f 控制。

P1300＝19，具有独立电压设定值的 U/f 控制。

P1300＝20，无传感器的矢量控制。

P1300＝21，带传感器的矢量控制。

P1300＝22，无传感器的矢量转矩控制。

P1300＝23，带传感器的矢量转矩控制。

（17）设置参数 P1500 选择转矩设定值。P1500 的设置范围如下。

P1500＝0，无主设定值。

P1500＝2，模拟设定值 1（AIN1 输入）。

P1500＝4，通过 BOP 链路的 USS 设定。

P1500＝5，通过 COM 链路的 USS 设定。

P1500＝6，通过 COM 链路的通信板设定。

P1500＝7，模拟设定值 2（AIN2 输入）。

（18）设置参数 P1910 选择电动机技术数据自动检测方式。P1910 的设置范围如下。

P1910＝0，禁止自动检测。

P1910＝1，自动检测全部参数并改写参数数值，这些参数被控制器接收并用于控制器的控制。

P1910＝2，自动检测全部参数但不改写参数数值，显示这些参数，但不供控制器使用。

P1910＝3，饱和曲线自动检测并改写参数数值，生成报警信号 A0541（电动机技术数据自动检测功能激活）并用后续的 ON 命令进行检测。

（19）设置参数 P3900 结束快速调试。P3900 的设置范围如下。

P3900＝0，不进行快速调试（不进行电动机数据计算）。

P3900＝1，结束快速调试，进行电动机数据计算，并且将不包括在快速调试中的其他全部参数都复位为出厂时的缺省设置值。

P3900＝2，结束快速调试，只进行电动机技术数据计算，并将 I/O 设置复位为出厂时的缺省设置。

P3900＝3，结束快速调试，只进行电动机技术数据计算，其他参数不复位。

3.6.3　功能参数设置

功能参数根据生产工艺的需要而设置，见第 4 章。

MM440 变频器的基本应用

4.1 变频器的出厂设置应用

    MM440 变频器出厂时按 4 极电机配置电动机参数，控制参数按表 4-1 中所列设定参数值，按图 4-1 接线变频器即可运行。图中开关 SA1 控制变频器起停，闭合时变频器起动，电动机运转，断开时变频器停止。开关 SA2 控制电动机反转，闭合时变频器输出反向频率，电动机反转，断开时变频器停止。开关 SA3 为故障确认，变频器故障时，按下 SB3 确认故障。电动机的运行速度由电位器 RW1 控制，输出频率实际值以电流值（0～20mA）形式通过模拟输出 1 输出到电流表上。

表 4-1　变频器出厂时控制参数设置（默认值）

参数号	参数值	功能说明
P1000	2	模拟输入 1 为频率给定值
P0300	1	控制对象为感应电动机
P0335	0	电动机冷却方式为自冷
P0640	150%	电动机过载系数为 150%
P1080	0	电动机最低运行频率为 0Hz
P1082	50	电动机最高运行频率为 50Hz
P1120	10	斜坡上升时间 10s
P1121	10	斜坡下降时间 10s
P1300	0	控制方式为线性 U/f 控制
P0700	2	变频器由数字输入信号控制起停
P0701	1	数字输入 1 闭合变频器起动，断开变频器停机
P0702	12	数字输入 2 闭合电动机反转运行
P0703	9	数字输入 3 为故障确认
P0771	21	模拟输出 1 输出频率实际值

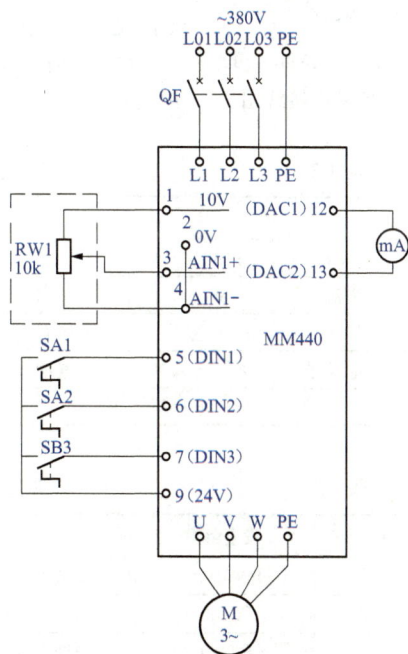

图 4-1　MM440 变频器出厂设置接线图

注意，变频器出厂时也设置有电动机的额定参数，但不一定与实际控制的电动机相符。若要用出厂默认参数值使用变频器，至少还要设置电动机的铭牌参数才能使用。

4.2 操作面板（BOP）起停变频器

MM440 变频器在出厂设置时，操作面板（BOP）起动变频器的功能是被禁止的。如果要用操作面板（BOP）起动变频器，需要修改相关参数，才可实现对变频器的控制，如正反转、点动控制等，操作步骤如下。

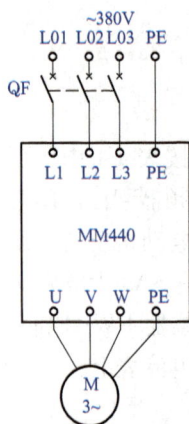

图 4-2　MM440 变频器基本接线图

1. 接线

按图 4-2 接线，检查电路正确无误后，合上电源开关 QF。

2. 参数设置

（1）参数复位。设置参数 P0010＝30 和 P0970＝1 将变频器的参数恢复到工厂出厂设定值。

（2）快速调试。设置电动机参数和变频器的命令源和信号源，假定变频器驱动的电动机铭牌见表 4-2，快速调试参数设置见表 4-3。

（3）功能参数设置。设置面板操作的控制功能参数，见表 4-4。

表 4-2　　　　　　电动机铭牌

三相异步电动机					
型号	Y180M—4	功率	18.5kW	电压	380V
电流	35.9A	频率	50Hz	转速	1 470r/min
接法	△	工作方式	连续	外壳防护等级	IP44
产品编号	××××	重量	180kg	绝缘等级	B级
××电机厂			××××年××月		

表 4-3　　　　　　快速调试参数设置

步 骤	设置参数	功能说明
1	P0010＝1	调试参数过滤器为快速调试状态
2	＊P0100＝0	功率单位用 kW，频率默认 50Hz
3	＊P0300＝1	选择电动机类型为异步电动机
4	P0304＝380	电动机额定电压（V）

步 骤	设置参数	功能说明
5	P0305＝35.9	电动机额定电流（A）
6	P0307＝18.5	电动机额定功率（kW）
7	＊P0308＝0.82	电动机额定功率因数
8	P0310＝50	电动机额定频率（Hz）
9	P0311＝1470	电动机额定转速（r/min）
10	＊P0335＝0	电动机的冷却方式为利用安装在电动机轴上的风机自冷
11	＊P0640＝150	电动机过载倍数＝150％
12	P0700＝1	变频器由 BOP（基本操作面板）启停控制
13	P1000＝1	频率给定值由 BOP 设定
14	＊P1080＝0	电动机最低运行频率为 0Hz
15	＊P1082＝50	电动机最高运行频率为 50Hz
16	＊P1120＝10	斜坡上升时间（s）
17	＊P1121＝10	斜坡下降时间（s）
18	＊P1135＝5	OFF3 的斜坡下降时间
19	＊P1300＝0	变频器的控制方式为线性特性的 U/f 控制
20	＊P1500＝0	选择转矩设定值，为无主设定值
21	＊P1910＝0	选择是否自动检测电动机数据，可禁止自动检测功能
22	P3900＝1	结束快速调试，进行电动机数据计算，并且将不包括在快速调试中的其他全部参数都复位为出厂时的缺省设置值

注 1. 带＊参数为出厂设定值，可根据需要改变，后续描述中，未交提及参数均为使用出厂设定值。
2. 带下标参数如不特别说明，均用第 0 组参数，以下同。

表 4-4 　　　　　　　　　　　**面板操作控制功能参数设置**

步 骤	参数设置	功能说明
23	P0003＝2	设定参数访问级为扩展级
24	P0010＝0	调试参数过滤器，准备运行
25	P1040＝20	运行频率设定值（Hz）
26	P1058＝10	正向点动频率（Hz）
27	P1059＝10	反向点动频率（Hz）
28	P1060＝5	点动斜坡上升时间（s）
29	P1061＝5	点动斜坡下降时间（s）
30	退出参数设置状态（按 Fn 键快速回到 r0000，再按 P 键即退出参数设置状态	

3. 变频器运行操作

（1）变频器起停。按启动键 ⬤，变频器将驱动电动机起动加速，并运行在由

P1040 所设定的 20Hz 频率对应的转速上。按停止键 ，则变频器驱动电动机降速至零。

（2）正反转及加减速运行。电动机的转速（运行频率）及旋转方向可直接通过换向键和增减键（▲/▼）来改变。

（3）点动运行。按住点动键 ，则变频器驱动电动机起动加速，并运行在由 P1058 所设置的正向点动 10Hz 频率值上。松开点动键 ，则变频器驱动电动机降速至零。

外部信号起停变频器

变频器在实际使用中，电动机经常要根据生产过程的某种状态进行正转、反转、点动等控制。图 4-3 是外部信号控制变频器起停电动机的接线图，图中开关 SA1 与数字输入端 DIN1 连接实现正转控制，开关 SA2 与数字输入端 DIN2 连按实现反转控制，开关 SA3 与数字输入端 DIN3 连接实现正转点动控制，开关 SA4 与数字输入端 DIN4 连接实现反转点动控制。操作步骤如下。

1. 接线

按电路图 4-3 接线，检查电路正确无误后，合上电源开关 QF。

2. 参数设置

在变频器通电的情况下，完成相关参数设置，见表 4-5。

3. 变频器运行操作

（1）正向运行。闭合开关 SA1，数字输入端 DIN1 接通，电动机按 P1120 所设置的 5s 斜坡上升时间正向起动，经 5s 后稳定运行在 P1040 所设置的 20Hz 运行频率上。断开开关 SA1，数字输入端 DIN1 断开，电动机按 P1121 所设置的 5s 斜坡下降时间停止。

（2）反向运行。闭合开关 SA2，数字输入端 DIN2 接通，电动机按 P1120 所设置的 5s 斜坡上升时间反向起动，经 5s 后稳定运行在 P1040 所设置的 20Hz 运行频率上。断开开关 SA2，数字输入端 DIN2 断开，电动机按 P1121 所设置的 5s 斜坡下降时间停止。

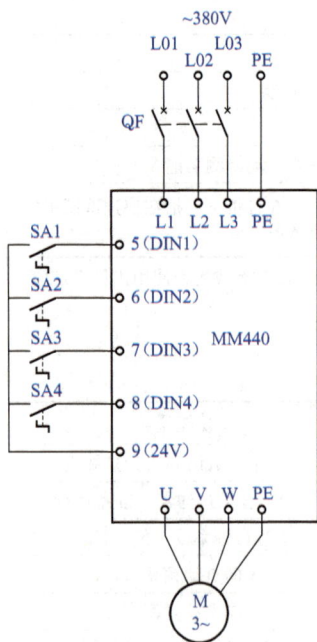

图 4-3 外部信号起停变频器
接线图

表 4-5 外部信号起停变频器参数设置

步 骤	设置参数	功能说明
1	参数复位	
2	P0010＝1	调试参数过滤器为快速调试状态
3	P0304＝380	电动机额定电压（V）
4	P0305＝35.9	电动机额定电流（A）
5	P0307＝18.5	电动机额定功率（kW）
6	P0310＝50	电动机额定频率（Hz）
7	P0311＝1470	电动机额定转速（r/min）
8	P0700＝2	数字输入端控制变频器起停
9	P1000＝1	频率给定值由 BOP 设定
10	＊P1080＝0	电动机最低运行频率
11	＊P1082＝50	电动机最高运行频率
12	＊P1120＝10	加速时间（s）
13	＊P1121＝10	减速时间（s）
14	P3900＝1	结束快速调试，进行电动机数据计算，并且将不包括在快速调试中的其他全部参数都复位为出厂设定值
15	P0003＝2	设定参数访问级为扩展级
16	P0010＝0	调试参数过滤器，准备运行
17	P0701＝1	设置数字输入端 DIN1 接通正转，断开停车
18	P0702＝2	设置数字输入端 DIN2 接通反转，断开停车
19	P0703＝10	设置数字输入端 DIN3 接通正向点动
20	P0704＝11	设置数字输入端 DIN4 接通反向点动
21	P1040＝20	运行频率设定值（Hz）
22	P1058＝10	正向点动频率（Hz）
23	P1059＝10	反向点动频率（Hz）
24	P1060＝5	点动斜坡上升时间（s）
25	P1061＝5	点动斜坡下降时间（s）
26	退出参数设置状态	

（3）电动机的点动运行。

1）正向点动运行。闭合开关 SA3，数字输入端 DIN3 接通，电动机按 P1060 所设置的 5s 点动斜坡上升时间正向起动，经 5s 后稳定在 P1058 所设置的 10Hz 运行频率上。断开开关 SA3，数字输入端 DIN3 断开，电动机按 P1061 所设置的 5s 点动斜坡下降时间停止。

2）反向点动运行。闭合开关 SA4，数字输入端 DIN4 接通，电动机按 P1060 所设置的 5s 点动斜坡上升时间反向起动，经 5s 后稳定在 P1059 所设置的 10Hz 运行频率上。断开开关 SA4，数字输入端 DIN4 断开，电动机按 P1061 所设置的 5s 点动斜坡下降时间停止。

（4）电动机的速度调节。分别更改参数 P1040 的运行频率值和参数 P1058 正向点动频率值、参数 P1059 反向点动频率值，按上述操作过程，就可以改变电动机正常运行速度和正、反向点动运行速度。

（5）电动机运行转速测定。电动机运行过程中，利用激光测速仪或者转速测量表，可以直接测量电动机实际运行速度，当电动机处在空载、轻载或者重载时，实际运行速度会根据负载的大小略有变化。也可用变频器的操作面板显示实际转速，方法是电动机在运行状态时，将显示选择参数 P0005 设置为 22（访问级 P0003＝3），退出参数设置状态，即可显示电动机实际转速。

在工业控制中，变频器的起停控制常采用继电器自锁方式实现电动机的运行控制。图 4-4 是用接触器控制变频器正反转的电路图，图中断路器 QF 为主电源接通开关，接触器 KM 为变频器电源通断开关。按下按钮 SB2，KM 线圈通电，其主触点闭合，变频器通电。按下按钮 SB1 时，KM 线圈断电，触点断开，变频器断电。

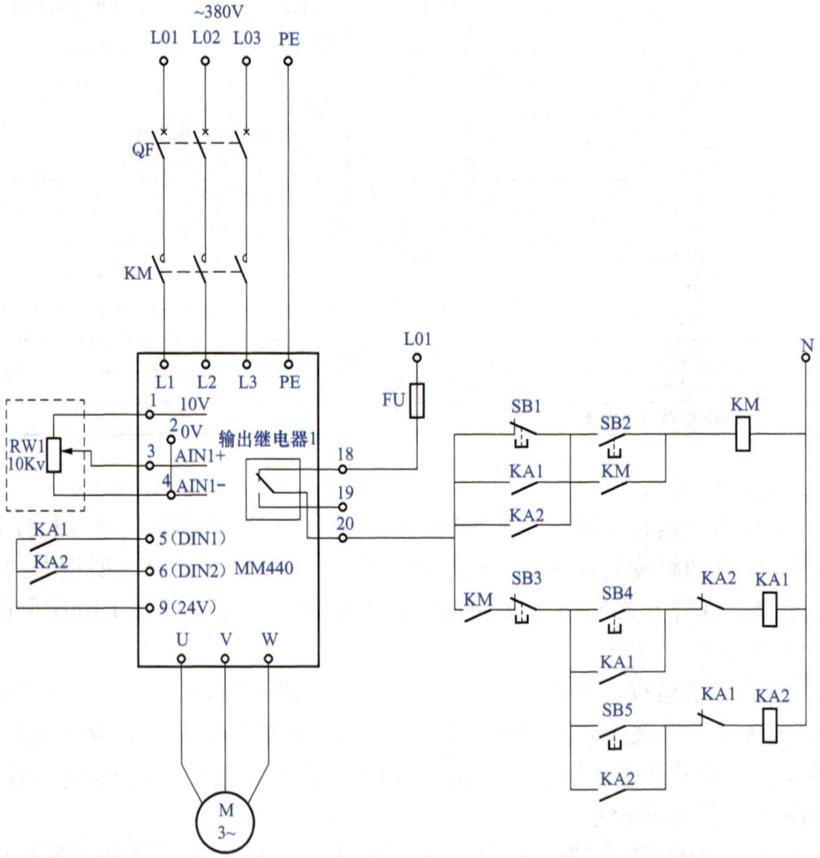

图 4-4　接触器控制变频器正反转电路

正转运行时，按下按钮 SB4，继电器 KA1 线圈通电，其触点闭合接通变频器数字输入端 DIN1，变频器起动，电动机正转，此时 KA1 的另外一对触点封锁 SB1，使 SB1 不起作用，保证电动机在正转运行期间不能通过接触器 KM 进行停止操作。KA1 的常闭触点串入 KA2 控制回路中，保证电动机在正转时，反转控制继电器 KA2 不能通电。停机时，先按下按钮 SB3，使 KA1 线圈断电，其触点断开，电动机停止，这时才可按下按钮 SB1 使变频器断电。

反转运行时，按下按钮 SB5，继电器 KA2 线圈通电，其触点闭合接通变频器数字输入端 DIN2，变频器起动，电动机反转，此时 KA2 的另外一对触点封锁 SB1，使 SB1 不起作用，保证电动机在反转运行期间不能通过接触器 KM 进行停止操作。KA2 的常闭触点串入 KA1 控制回路中，保证电动机在反转时，正转控制继电器 KA1 不能通电。停机时，先按下按钮 SB3，使 KA2 线圈断电，其触点断开，电动机停止，这时才可按下按钮 SB1 使变频器断电。

如果变频器故障时，变频器数字输出继电器 1 触点断开，控制电路切断，变频器主电路断电。

4.4 外部模拟量控制转速

外部模拟量控制转速就是电动机的运行速度由变频器外部模拟量输入电压信号或电流信号控制，如图 4-5 所示。图中外部模拟信号由 10k 电位器产生，为 0～10V 电压信号，加到外部模拟量输入端 AIN1。开关 SA1、SA2 分别接入变频器的数字输入端 DIN1、DIN2，SA1 闭合时电动机正转、断开停车，SA2 闭合时电动机反转、断开停车。操作步骤如下。

1. 接线

按图 4-5 连接线路，将 I/O 面板 DIP1 开关扳到"OFF"位置（电压输入），确认接线正确后，合上电源开关 QF。

2. 参数设置

在变频器在通电的情况下，完成相关参数设置，见表 4-6。

3. 变频器运行操作

（1）电动机正转与调速。闭合开关 SA1，电动机正转运行，转速由电位器 RW1 来控制，模

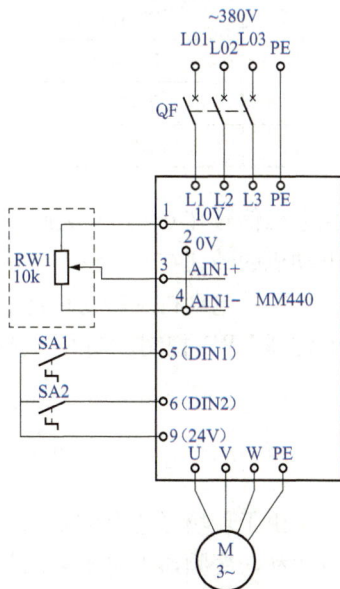

图 4-5 外部模拟量控制
变频器输出频率接线图

表 4-6　　　　　　　　　　　　　　　　外部模拟量控制转速参数设置

步　骤	设置参数	功能说明
1	参数复位	
2	P0010＝1	调试参数过滤器为快速调试状态
3	P0304＝380	电动机额定电压（V）
4	P0305＝35.9	电动机额定电流（A）
5	P0307＝18.5	电动机额定功率（kW）
6	P0310＝50	电动机额定频率（Hz）
7	P0311＝1470	电动机额定转速（r/min）
8	P0700＝2	数字输入端控制变频器起停
9	P1000＝2	频率给定值由外部模拟输入信号给定
10	＊P1080＝0	电动机最低运行频率
11	＊P1082＝50	电动机最高运行频率
12	＊P1120＝10	加速时间（s）
13	＊P1121＝10	减速时间（s）
14	P3900＝1	结束快速调试，进行电动机数据计算，并且将不包括在快速调试中的其他全部参数都复位为出厂设定值
15	P0003＝2	设定参数访问级为扩展级
16	P0010＝0	调试参数过滤器，准备运行
17	P0701＝1	设置数字输入端 DIN1 接通正转，断开停车
18	P0702＝2	设置数字输入端 DIN2 接通反转，断开停车
19	退出参数设置状态	

拟电压信号在 0～10V 之间变化，对应变频器的频率在 0～50Hz 之间变化，对应电动机的转速在 0～1 470r/min 之间变化。断开开关 SA1，电动机停止运转。

（2）电动机反转与调速。闭合开关 SA2，电动机反转，反转转速的大小仍由电位器 RW1 控制。断开开关 SA2，电动机停止运转。

4.5　多段转速控制

由于现场工艺上的要求，很多生产机械在不同的转速下运行。为便于这种负载运动，变频器提供了多段频率控制功能，用户可以通过几个外部开关的通断组合来选择不同的运行频率，实现多段转速下的运行。

多段转速功能，也称作固定频率，在参数 P1000＝3 时，用数字输入端或数字输入端的组合选择固定频率，实现电动机多段速度运行，可通过如下三种方法选择固定频率值（运行转速值）。

1. 直接选择

设置参数 P0701～P0706＝15。在这种操作方式下，一个数字输入端选择一个固定频率，输入端与参数设置对应见表4-7。

表 4-7   数字输入端与固定频率对应表

端子编号	对应功能设定参数	对应频率设定参数	说　明
DIN1	P0701	P1001	
DIN2	P0702	P1002	（1）频率给定源参数 P1000 必
DIN3	P0703	P1003	须设置为 3。
DIN4	P0704	P1004	（2）当多个选择同时激活时，
DIN5	P0705	P1005	选定的频率是它们的总和
DIN6	P0706	P1006	

注　此方式下需设置一个数字输入端作为变频器起停开关。

2. 直接选择＋ON 命令

设置参数 P0701～P0706＝16。在这种操作方式下，数字输入端既可以选择固定频率（对应关系见表4-7），又具备启动功能。

3. 二进制编码选择＋ON 命令

MM440 变频器的 6 个数字输入端（DIN1～DIN6），通过设置参数 P0701～P0706＝17，实现多段频率控制。每一频段的工作频率分别由参数 P1001～P1015 设置，最多可实现 15 个频段控制，各个固定频率的数值选择见表4-8。在多段频率控制中，电动机的转速方向是由参数 P1001～P1015 所设置的频率正负决定的。

表 4-8   多段频率控制状态表

固定频率	DIN4	DIN3	DIN2	DIN1	对应频率设置参数
FF1	0	0	0	1	P1001
FF2	0	0	1	0	P1002
FF3	0	0	1	1	P1003
FF4	0	1	0	0	P1004
FF5	0	1	0	1	P1005
FF6	0	1	1	0	P1006
FF7	0	1	1	1	P1007
FF8	1	0	0	0	P1008
FF9	1	0	0	1	P1009
FF10	1	0	1	0	P1010

固定频率	DIN4	DIN3	DIN2	DIN1	对应频率设置参数
FF11	1	0	1	1	P1011
FF12	1	1	0	0	P1012
FF13	1	1	0	1	P1013
FF14	1	1	1	0	P1014
FF15	1	1	1	1	P1015

注 表中"1"表示对应数字输入端开关闭合;"0"表示对应数字输入端开关断开。

图 4-6 为 6 段频率运行的接线图,图中 SA1、SA2、SA3 为多段频率运行开关,SA4 为变频器起停开关,频率运行曲线如图 4-7 所示,运行频率与开关的状态见表 4-9。操作步骤如下。

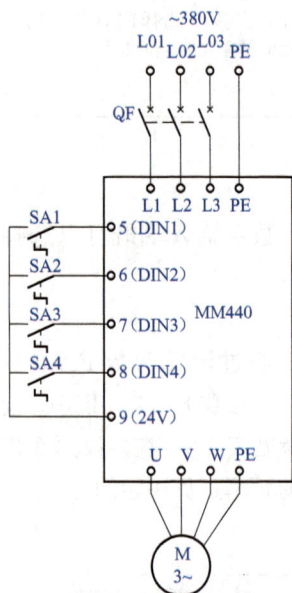

图 4-6　6 段频率运行接线图

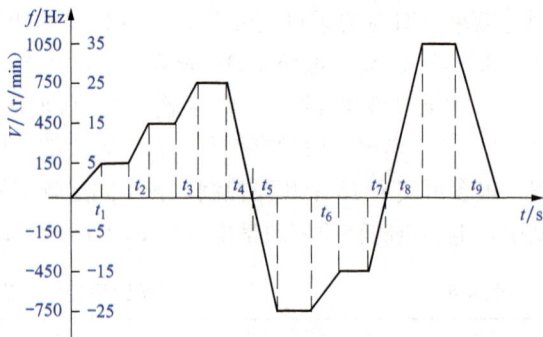

图 4-7　多段频率运行曲线图

表 4-9 　　　　　　　　　　　　开关闭合状态与运行频率表

SA3	SA2	SA1	运行频率
0	0	1	5Hz
0	1	0	15Hz
0	1	1	25Hz
1	0	0	−25Hz
1	0	1	−15Hz
1	1	0	35Hz

注 "0"表示开关断开,"1"表示开关闭合。

（1）按图 4-6 连接电路，检查线路正确后，合上电源开关 QF。

（2）参数设置。在变频器在通电的情况下，完成相关参数设置，参数设置见表 4-10。

表 4-10　　　　　　　　　　　　　多段频率运行参数设置

步　骤	设置参数	功能说明
1	参数复位	
2	P0010＝1	调试参数过滤器为快速调试状态
3	P0304＝380	电动机额定电压（V）
4	P0305＝35.9	电动机额定电流（A）
5	P0307＝18.5	电动机额定功率（kW）
6	P0310＝50	电动机额定频率（Hz）
7	P0311＝1470	电动机额定转速（r/min）
8	P0700＝2	数字输入端控制变频器起停
9	P1000＝3	固定频率给定
10	＊P1080＝0	电动机最低运行频率
11	＊P1082＝50	电动机最高运行频率
12	＊P1120＝10	加速时间（s）
13	＊P1121＝10	减速时间（s）
14	P3900＝1	结束快速调试，进行电动机数据计算，并且将不包括在快速调试中的其他全部参数都恢复为出厂设定值
15	P0003＝2	设定参数访问级为扩展级
16	P0010＝0	调试参数过滤器，准备运行
17	P0701＝17	DIN1 为二进制编码选择
18	P0702＝17	DIN2 为二进制编码选择
19	P0703＝17	DIN3 为二进制编码选择
20	P0704＝1	DIN4 为变频器起停控制，接通起动，断开停止
21	P1001＝5	固定频率 1 设定值
22	P1002＝15	固定频率 2 设定值
23	P1003＝25	固定频率 3 设定值
24	P1004＝−25	固定频率 4 设定值
25	P1005＝−15	固定频率 5 设定值
26	P1006＝35	固定频率 6 设定值
27	退出参数设置状态	

4. 变频器运行操作

闭合开关 SA4 时，数字输入端 DIN4 为 "1"，变频器起动。

（1）第 1 段频率控制。SA1 开关闭合、SA2、SA3 开关断开，数字输入端

DIN1 状态为 "1"，DIN2、DIN3 状态为 "0"，变频器运行在由参数 P1001 所设定频率 5Hz 的第 1 段频率上。

（2）第 2 段频率控制。SA2 开关闭合、SA1、SA3 开关断开，数字输入端 DIN2 状态为 "1"，DIN1、DIN3 状态为 "0"，变频器运行在由参数 P1002 所设定频率 15Hz 的第 2 段频率上。

（3）第 3 段频率控制。SA1、SA2 开关闭合、SA3 断开，数字输入端 DIN1、DIN2 状态为 "1"，DIN3 状态为 "0"，变频器运行在由参数 P1003 所设定频率 25Hz 的第 3 段频率上。

（4）第 4 段频率控制。SA3 开关闭合、SA1、SA2 开关断开，数字输入端 DIN3 状态为 "1"，端口 DIN1、DIN2 状态为 "0"，变频器运行在参数由 P1004 参数所设定频率−25Hz（负号表示反向转向）的第 4 段频率上。

（5）第 5 段频率控制。SA1、SA3 开关闭合、SA2 开关断开，数字输入端 DIN1、DIN3 状态为 "1"，DIN2 状态为 "0"，变频器运行在由参数 P1005 所设定频率−15Hz（负号表示反向旋转）的第 5 段频率上。

（6）第 6 段频率控制。SA2、SA3 开关闭合、SA1 开关断开，数字输入端 DIN2、DIN3 状态为 "1"，DIN1 状态为 "0"，变频器运行在由参数 P1006 所设定频率 35Hz 的第 6 段频率上。

4.6 电 磁 抱 闸

某些工作场合，当电动机停止运行后不允许其再滑行。例如起重设备，当重物悬在空中时，如果电动机停止运转，必须立即将电动机转子抱住，不然重物会下滑。因此需要电动机带机械电磁抱闸制动功能。

机械抱闸制动的原理是电动机带抱闸电磁线圈，当电磁线圈未通电时，由机械弹簧将闸片压紧，使转子不能转动。当给电磁线圈通入电流时，电磁力将闸片吸开，转子可以自由转动，电动机处于抱闸松开状态。

抱闸控制电路的要求是，当电动机停止转动时，变频器输出抱闸控制信号。当电动机开始转动时，变频器输出松闸控制信号。抱闸和松闸控制信号的输出时刻必须准确，否则会造成变频器过载。

如图 4-8 所示是一抱闸控制电路，图中 KD 为抱闸继电器，L 为抱闸线圈，VD1 为整流二极管，VD2 为续流二极管。将变频器的数字输出继电器 1 设为频率到达功能，频率到达值为 0.5Hz。电路的工作过程如下。

（1）抱闸控制。制动过程中，当变频器输出频率 $f \leqslant 0.5$Hz 时，变频器数字输出继电器 1 断开，抱闸线圈失电，机械弹簧将闸片压紧转轴，转子不转动，电动机静止。

（2）松闸控制。起动过程中，当变频器输出频率 $f\geqslant0.5\text{Hz}$ 时，变频器数字输出继电器1闭合，抱闸线圈得电，电磁力将闸片吸开，转轴自由转动，电动机起动运行。

（3）变频器参数设置。

P1080＝0.5，抱闸动作的最小频率值。

P1215＝1，激活抱闸控制功能。

P1216＝抱闸制动释放的延迟时间。

P1217＝下降到最小频率后的保持时间。

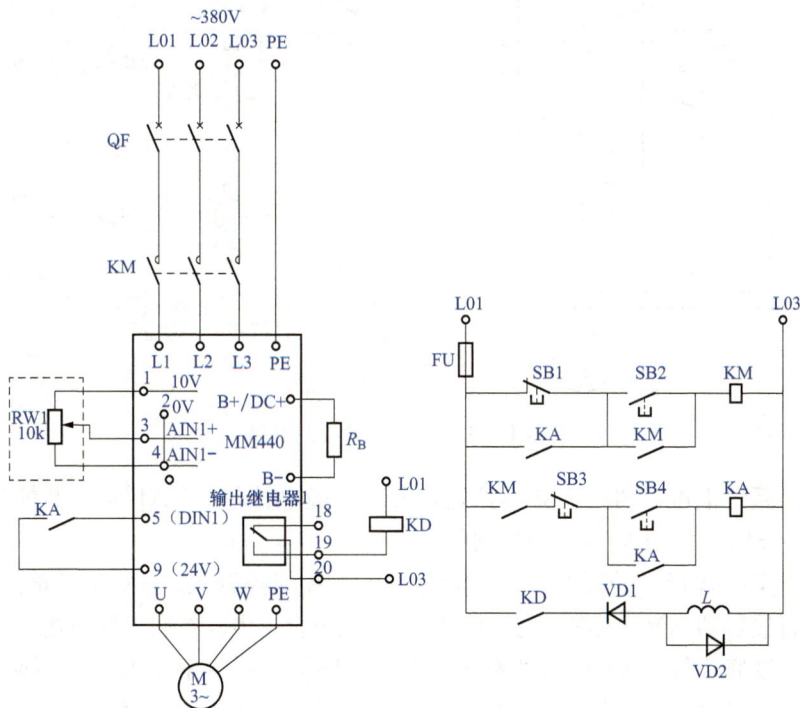

图 4-8　抱闸控制电路

4.7　工频变频切换控制

在变频调速系统中，如果变频器出现故障，若让负载停止工作可能会造成大的损失，这时可给变频调速系统增设工频与变频切换功能。在变频器出现故障时，自动将电动机切换为工频供电，以使系统继续工作。图 4-9 是一工频变频切换控制电路，其工作原理如下。

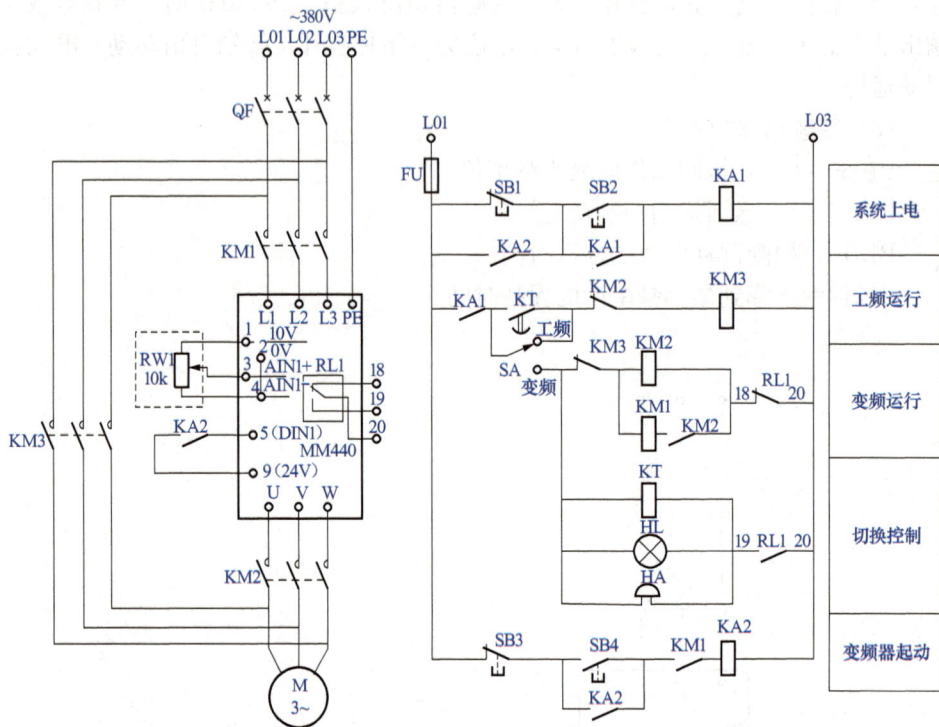

图 4-9　工频变频切换控制电路

（1）系统上电。SB1 为断电按钮，SB2 为通电按钮，KA1 为上电控制继电器。按下 SB2，KA1 闭合，为控制作准备。

（2）工频运行。转换开关 SA 为变频、工频切换开关。SA 在工频位置时，工频运行接触器 KM3 线圈得电，KM3 主触点吸合，电动机由工频供电。

（3）变频运行。SA 切换到变频位置，变频器运行接触器 KM1、KM2 得电吸合，电动机由变频器驱动，按下 SB4，KA2 得电吸合，变频器起动。按下 SB3，变频器停止。

（4）故障保护及切换。变频器正常工作时，变频器数字输出继电器 RL1 端子 18、20 触点闭合，端子 19、20 触点断开，控制电路正常工作，报警电路不工作。变频器故障时，RL1 端子 18、20 触点断开，KM1、KM2 失电断开，变频器与电源及电动机断开。同时，端子 19、20 触点闭合，电铃 HA、信号灯 HL 通电，产生声光报警信号。时间继电器 KT 线圈通电，经过延时后使 KM3 得电吸合，电动机自动切换为工频供电。操作人员发现报警后将 SA 开关转到工频位置，声光报警停止，时间继电器断电。

工频变频切换控制电路中，需要将变频器的输出端子 1 设置为故障监控功能，对于图 4-9 电路，参数设置见表 4-11。

表 4-11   工频变频切换控制参数设置

步　骤	设置参数	功能说明
1	参数复位	
2	P0010＝1	调试参数过滤器为快速调试状态
3	P0304＝380	电动机额定电压（V）
4	P0305＝35.9	电动机额定电流（A）
5	P0307＝18.5	电动机额定功率（kW）
6	P0310＝50	电动机额定频率（Hz）
7	P0311＝1470	电动机额定转速（r/min）
8	P0700＝2	数字输入端控制变频器起停
9	P1000＝2	频率给定值由外部模拟输入信号给定
10	＊P1080＝0	电动机最低运行频率
11	＊P1082＝50	电动机最高运行频率
12	＊P1120＝10	加速时间（s）
13	＊P1121＝10	减速时间（s）
14	P3900＝1	结束快速调试，进行电动机数据计算，并且将不包括在快速调试中的其他全部参数都复位为出厂设定值
15	P0003＝2	设定参数访问级为扩展级
16	P0010＝0	调试参数过滤器，准备运行
17	P0701＝1	设置数字输入端 DIN1 接通正转，断开停车
18	P0702＝2	设置数字输入端 DIN2 接通反转，断开停车
19	P0731＝52.3	数字输出继电器 1 为故障监控
20	退出参数设置状态	

4.8　BICO 功能

BICO（Binector Connector Technolog）称为"二进制互联连接"技术，是西门子变频器特有的功能，是一种灵活地把输入和输出（I/O）功能结合在一起的设置方法，方便用户根据实际工艺需求来灵活定义端口。通过它可以实现变频器 I/O 口的互联，对输入与输出的功能进行组合。

在 MM440 变频器参数表中，参数名称前标有"BI"、"BO"、"CI"、"CO"、"CO/BO"的参数可实现 BICO 互联。

BI 是二进制互联输入，即参数可以作为输入二进制的信号源，通常与 P 参数相对应。BO 是二进制互联输出，即参数可以作为二进制输出，通常与 r 参数相对应。BO 参数可以和 BI 参数相连，只要将 BO 参数添写到 BI 参数中即可。

例如，参数 r0751（AIN 的状态字参数）为 BO 参数，参数 P0731（数字输出 1 的功能）为 BI 参数。设置参数 P0731＝751 就可使 r0751 的输出作为 P0731 的输入，实现 P0731 与 r0751 的互联，将模拟量输入 AIN 的状态通过继电器的输出显示出来，为监控模拟的输入状态提供了很大的便利性。

CI 是模拟量信号互联输入，即参数作为模拟输入量的信号源，通常与 P 参数相对应。CO 是模拟量信号互联输出，即参数可以作为模拟信号输出量，通常与 r 参数相对应。CO 参数可以和 CI 参数相连，只要将 CO 参数添写到 CI 参数中即可。

例如，参数 r0021（变频器实际频率）是 CO 参数，参数 P0771（DAC 的功能）是 CI 参数，设置参数 P0771＝21，这就将变频器的实际频率状态通过模拟量输出 1 显示出来，为监控变频器的实际频率提供了很大的便利性。

CO/BO 是模拟量信号互联输出/二进制互联输出，即该参数可以作为模拟量信号输出或二进制信号输出，或由用户定义。CO/BO 参数可以作为 CI 和 BI 参数的输入源。

例如，参数 r0052（变频器实际状态字 1）是 CO/BO 参数，参数 P2016（将 PZD 发送到 BOP 链路）是 CI 参数，参数 P0731（数字输出 1 的功能）是 BI 参数。设置参数 P2016＝52，P0731＝52.3，就将参数 r0052 作为参数 P2016 和 P0731 的输入信号，图 4-10 表示了这种互联关系。

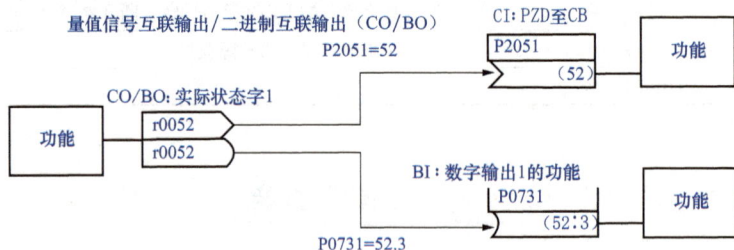

图 4-10　模拟信号互联输出/二进制互联输出

以下是 BICO 功能的几个应用实例。

例 1　利用数字输入端 DIN1 控制变频器参数组的切换。

（1）设置 P0701＝99，使数字输入端 DIN1 允许 BICO 参数化。

（2）参数 P0701 与 P0810 互联，即 P0810＝722.0。

（3）通过 DIN1 的闭合/断开可实现第一、二组参数的切换。当数字输入端 DIN1 与端子 9（＋24V）断开时，P0810 保持出厂默认值 P0810＝0，对应 CDS0 组参数；当数字输入端 DIN1 与端子 9（＋24V）接通时，P0810＝1，对应 CDS1 组参数。

例2 利用数字输入端实现两路模拟通道之间的切换。

用数字输入端 DIN2 完成两模拟输入通道切换，其中模拟输入 AIN1（端子 3，4）接电压电位计，模拟输入 AIN2（端子 10，11）接 0～20mA 电流。设置方法如下。

（1）将 I/O 面板上开关 DIP1 搬至"OFF"位置，开关 DIP2 搬至"ON"位置
（2）设置参数见表 4-12。

表 4-12　　　　　　两路模拟通道信号切换参数设置表

参数号	参数值	功能说明
P0003	3	参数访问级，专家级
P0004	0	参数过滤器，全部参数
P0010	1	调试参数过滤器为快速调试状态
P0700.0	2	选择命令源，第一命令参数组数字输入端起停变频器
P0700.1	2	选择命令源，第二命令参数组数字输入端起停变频器
P1000.0	2	频率给定值选择，第一命令参数组，模拟输入 AIN1
P1000.1	7	频率给定值选择，第二命令参数组，模拟输入 AIN2
P0010	0	调试参数过滤器，准备运行状态
P0756.0	0	设定模拟输入 1 的信号类型，单极性电压输入（0～10V）
P0756.1	2	设定模拟输入 2 的信号类型，单极性电流输入（0～20mA）
P0759.0	10	标定模拟输入 AIN1
P0759.1	20	标定模拟输入 AIN2
P0702.0	99	数字输入 DIN2，第一命令参数组，使能 BICO 参数化
P0702.1	99	数字输入 DIN2，第二命令参数组，使能 BICO 参数化
P0810	722.1	用 P0810 参数进行参数组切换，参数 P0702 与 P0810 互联

（3）当数字输入端 DIN2 与端子 9（＋24V）断开时，P0810 保持出厂默认值 P0810＝0，对应 CDS0 组参数，由模拟通道 1 控制电动机转速；当数字输入端 DIN2 与端子 9（＋24V）接通时，P0810＝1，对应 CDS1 组参数，由模拟通道 2 控制电动机转速。

例3 本地/远程控制切换。

利用变频器数字输入端 DIN3 实现本地/远程控制切换。本地控制由操作面板控制，远程控制由数字输入端启停变频器，外部模拟量控制电动机转速。设置方法如下。

（1）设置 P0703＝99，使数字输入 3（DIN3）允许 BICO 参数化。

（2）参数 P0703 与 P0810 互联，即 P0810＝722.2。

（3）设置 P1000.0＝1，P0700.0＝1，第 0 组参数为本地操作方式；P1000.1＝2，P0700.1＝2，第 1 组参数为远程操作方式。

（4）当数字输入端 DIN3 与端子 9（＋24V）断开时，P0810 保持出厂默认值 P0810＝0，对应 CDS0 组参数，实现本地控制。当数字输入端 DIN3 与端子 9（＋24V）接通时，P0810＝1，对应 CDS1 组参数，实现远程控制。

例 4 利用数字输出继电器表示变频器控制字或状态字。

MM440 变频器的许多只读参数是由控制字（或状态字）组成的，参数由 16 位二进制数构成，每一位代表一个特定的数值。例如，参数 r0056 为电动机的控制状态，每一位的定义见表 4-13。利用 BICO 功能可将电动机的控制状态用数字输出继电器表示出来。

表 4-13　　　　　　　　电动机的控制状态（r0056）定义

位	功　能	状　态
位 00	初始化控制结束	0 否；1 是
位 01	电动机的去磁结束	0 否；1 是
位 02	脉冲释放	0 否；1 是
位 03	选择电压软起动	0 否；1 是
位 04	电动机励磁结束	0 否；1 是
位 05	起动提升功能投入	0 否；1 是
位 06	加速度提升功能投入	0 否；1 是
位 07	频率为负值	0 否；1 是
位 08	弱磁投入	0 否；1 是
位 09	电压设定值达极限	0 否；1 是
位 10	滑差频率达极限	0 否；1 是
位 11	输出频率 F_out＞F_max 频率极限	0 否；1 是
位 12	选择反向	0 否；1 是
位 13	电流最大值 I-max 控制器投入	0 否；1 是
位 14	直流回路电压最大值 Vdc-max 控制器投入	0 否；1 是
位 15	KIB（直流回路电压最小值 Vdc-min 控制器）投入	0 否；1 是

设置 P0731（数字输出 1 的功能）＝56.5（参数 r0056，位 5）时，可以显示"起动提升"功能是否被激活。这就是说，如果参数 P1312（起动提升）设定为投入"起动提升"功能，那么，数字输出 1 在起动的斜坡函数上升期间将由于投

入了起动提升功能而闭合，指示出"起动提升已激活"。

设置 P0731＝56.6（参数 r0056，位 6），而且使能 P1311（加速度提升）时，只要增加设定值，数字输出 1 继电器闭合。

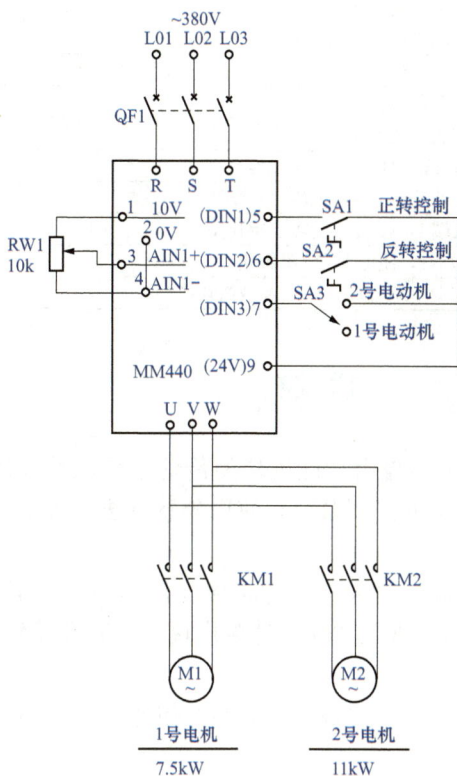

设置 P0731＝56.E（参数 r0056，位 14），在电压控制器被激活时，数字输出 1 继电器闭合。假如这种情况出现在电动机产生再生能量期间，就可用于指示超载，或表明斜坡函数下降太快。

例 5 1 台变频器控制 2 台不同功率的电动机分时运转。

每一种类型的变频器允许配用的电动机容量都有一定范围，如 C 型 MM440 变频器，380～480V 三相交流电压输入、三相交流电压输出，允许配用电动机的功率范围为 5.5～11kW。在这个功率范围内 1 台变频器可控制 2 台不同功率的电动机分时运转。如图 4-11 所示，用 1 台变频器控制 1 台 7.5kW 和 1 台 11kW 电动机分别实现正反转运行，运行速度由电位器 RW1 控制。开关 SA3 用作控制转换开关实现对 1 号电动机、2 号电动机控制参数组切换。变频器参数设置

图 4-11 1 台变频器控制 2 台电动机接线图

见表 4-14。

表 4-14 **1 台变频器控制 2 台电动机分时运转参数设置**

参数号	参数值	功能说明
P0003	3	参数访问级，专家级
P0004	0	参数过滤器，全部参数
P0010	1	调试参数过滤器为快速调试状态
P0304.0	380	第 1 台电动机额定电压（V）
P0305.0	14.8	第 1 台电动机额定电流（A）
P0307.0	7.5	第 1 台电动机额定功率（kW）
P0310.0	50	第 1 台电动机额定频率（Hz）

参数号	参数值	功能说明
P0311.0	1470	第 1 台电动机额定转速（r/min）
P0304.1	380	第 2 台电动机额定电压（V）
P0305.1	21.9	第 2 台电动机额定电流（A）
P0307.1	11	第 2 台电动机额定功率（kW）
P0310.1	50	第 2 台电动机额定频率（Hz）
P0311.1	1460	第 2 台电动机额定转速（r/min）
P0700	2	数字输入端控制变频器起停
P1000	2	频率给定值由外部模拟输入信号给定
P0701	1	设置数字输入端 DIN1 接通正转，断开停车
P0702	2	设置数字输入端 DIN2 接通反转，断开停车
P0703	99	数字输入端 DIN3，使能 BICO 参数化
P0820	722.2	参数 P0703 与 P0820 互联，DDS 参数组切换

4.9 自由功能模块

MM440 变频器通过包含在基本软件中的自由功能模块使传动系统能够适用于各种不同的使用场合，因而它可实现简单的控制系统和使用分散方法实现工艺要求的场合。

自由功能模块包括"与"、"或"、"非"、"异或"逻辑模块，"D 触发器"、"RS 触发器"信号转换模块，"加"、"减"、"乘"、"除"计算模块，定时器模块，见表 4-15。

参数 P2800 使能全部的自由功能模块，参数 P2801、P2802 使能各个自由功能模块。

P2801 [0]，使能 AND1（"与" 1）

P2801 [1]，使能 AND2（"与" 2）

P2801 [2]，使能 AND3（"与" 3）

P2801 [3]，使能 OR1（"或" 1）

P2801 [4]，使能 OR2（"或" 2）

P2801 [5]，使能 OR3（"或" 3）

P2801 [6]，使能 XOR1（"异或" 1）

P2801 [7]，使能 XOR2（"异或" 2）

P2801 [8]，使能 XOR3（"异或" 3）

P2801 [9]，使能 NOT1（"非" 1）

P2801 [10]，使能 NOT2（"非" 2）

P2801 [11]，使能 NOT2（"非" 3）

P2801［12］，使能 D—FF1（"D 触发器" 1）

P2801［13］，使能 D—FF2（"D 触发器" 2）

P2801［14］，使能 RS—FF1（"RS 触发器" 1）

P2801［15］，使能 RS—FF2（"RS 触发器" 2）

P2801［15］，使能 RS—FF3（"RS 触发器" 3）

P2802［0］，使能 Timer1（"定时器" 1）

P2802［1］，使能 Timer2（"定时器" 2）

P2802［2］，使能 Timer3（"定时器" 3）

P2802［3］，使能 Timer4（"定时器" 4）

P2802［4］，使能 ADD1（"加法器" 1）

P2802［5］，使能 ADD2（"加法器" 2）

P2802［6］，使能 SUB1（"减法器" 1）

P2802［7］，使能 SUB2（"减法器" 2）

P2802［8］，使能 MUL1（"乘法器" 1）

P2802［9］，使能 MUL2（"乘法器" 2）

P2802［10］，使能 DIV1（"除法器" 1）

P2802［11］，使能 DIV2（"除法器" 2）

P2802［12］，使能 CMP1（"比较器" 1）

P2802［13］，使能 CMP2（"比较器" 2）

表 4-15　　　　　　　　　　　　MM440 变频器自由模块表

数量	类　型	举　例			
3	AND（"与"）	AND 1	A	B	C
			0	0	0
			0	1	0
			1	0	0
			1	1	1
3	OR（"或"）	OR1	A	B	C
			0	0	0
			0	1	1
			1	0	1
			1	1	1

数量	类 型	举 例
3	XOR ("异或")	XOR1 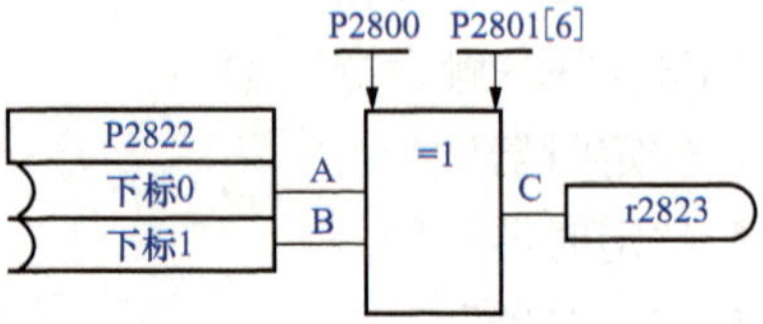
3	NOT ("取反")	NOT1
2	D-触发器	D-触发器 1

XOR1

A	B	C
0	0	0
0	1	1
1	0	1
1	1	0

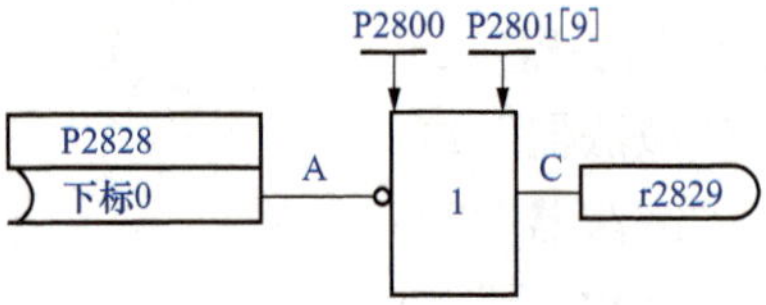

NOT1

A	C
0	1
1	0

D-触发器 1

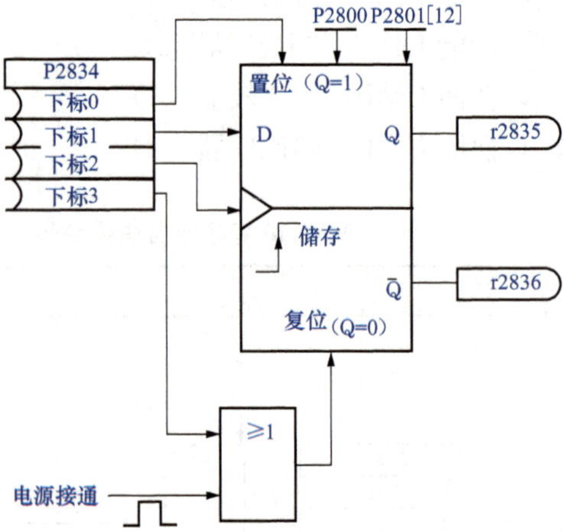

置位	复位 0	D	存储	Q	$\overline{Q}$
1		×	×	1	0
0	1	×	×	0	1
1	1	×	×	Q_{n-1}	$\overline{Q}_{n-1}$
0	0	1	⌐	1	0
0	0	0	⌐	0	1
电源接通				0	1

西门子变频器技术及应用

数量	类 型	举 例
3	RS-触发器	**RS-触发器 1** P2800 P2801[14] P2840 下标0 / 下标1 电源接通 → ≥1 置位(Q=1) Q → r2841 复位(Q=0) Q̄ → r2842 置位 复位 0 / Q / Q̄ 0 0 : Q_{n-1} $\bar{Q}_{n-1}$ 0 1 : 0 1 1 0 : 1 0 1 1 : Q_{n-1} $\bar{Q}_{n-1}$ 电源接通 : 0 1
4	定时器	**定时器 1** P2850(0.000) 延时时间 P2851(0) 方式 P2800 P2802.0 P2849 下标0 In ON延时 0 / OFF延时 1 / ON/OF延时 2 / 脉冲发生器 3 输出 → r2852 输出取反 → r2853
2	ADD ("加法器")	**ADD1** P2800 P2802[6] P2869 下标0 x1 / 下标1 x2 x1+x2 → 200% 结果 -200% → r2870 结果＝x1＋x2 如果：x1＋x2>200%→结果＝200% x1＋x2<－200%→结果＝－200%
2	SUB ("减法器")	**SUB1** P2800 P2802[6] P2873 下标0 x1 / 下标1 x2 x1+x2 → 200% 结果 -200% → r2874 结果＝x1－x2 如果：x1－x2>200%→结果＝200% x1－x2<－200%→结果＝－200%

数量	类 型	举 例
2	MUL ("乘法器")	MUL1 P2877 下标0 x1 · P2800 P2802[8] · × x1×x2 100% · 200% 结果 −200% → r2878 结果 $=\dfrac{x1 * x2}{100\%}$ 如果:$\dfrac{x1 * x2}{100\%}>200\%\rightarrow$结果$=200\%$ $\dfrac{x1 * x2}{100\%}<-200\%\rightarrow$结果$=-200\%$
2	DIV ("除法器")	DIV1 P2881 下标0 x1 下标1 x2 · P2800 P2802[10] · ÷ x1×100% x2 · 200% 结果 −200% → r2882 结果$=\dfrac{x1\times100\%}{x2}$ 如果:$\dfrac{x1\times100\%}{x2}>200\%\rightarrow$结果$=200\%$ $\dfrac{x1\times100\%}{x2}<-200\%\rightarrow$结果$=-200\%$
2	CMP ("比较")	CMP1 P2885 下标0 x1 下标1 x2 · P2800 P2802[12] · CMP 输出 → r2886 输出x1≥x2 x1≥x2→输出 1 x1<x2→输出 0
2	FFB 设定值 (量值信号互联设置)	以%值表示的量值信号互联设置 P2889 P2890 数值范围: −200%～200%

自由功能块可以代替 PLC 实现一些简单的编程操作,以下是用自由功能模块实现电动机运转控制的一个实例。

图 4-12 是用继电器实现电动机运行控制的电路图。合上断路器 QF,变频器

得电，按下按钮 SB2，KA 线圈得电，其触点闭合数字输入端 DIN1，变频器起动，电动机运转，运转速度由电位器 RW1 控制。停机时，按下按钮 SB1，使 KA 线圈失电，其触点断开数字输入端 DIN1，电动机停止。上述电路功能，可用自由功能模块来实现，如图 4-13 所示。数字输入端 DIN1 接起动按钮 SB1，数字输入端 DIN2 接停止按钮 SB2，再利用自由功能模块 RS 触发器和非门实现电动机的运行控制，变频器参数设置见表 4-16。

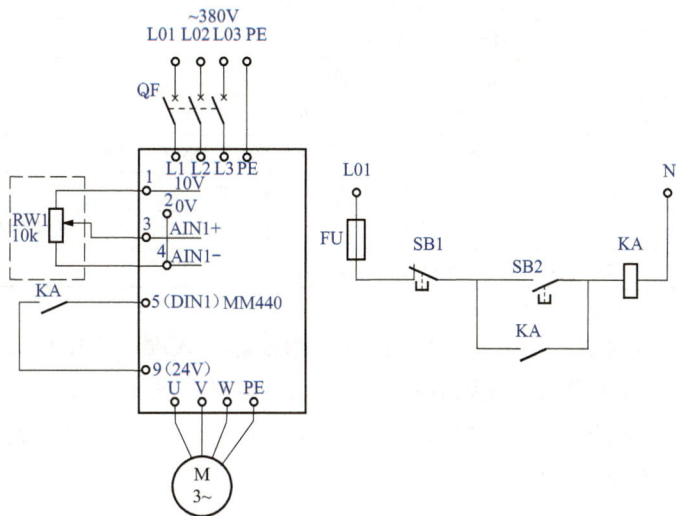

图 4-12　继电器实现电动机运行控制电路

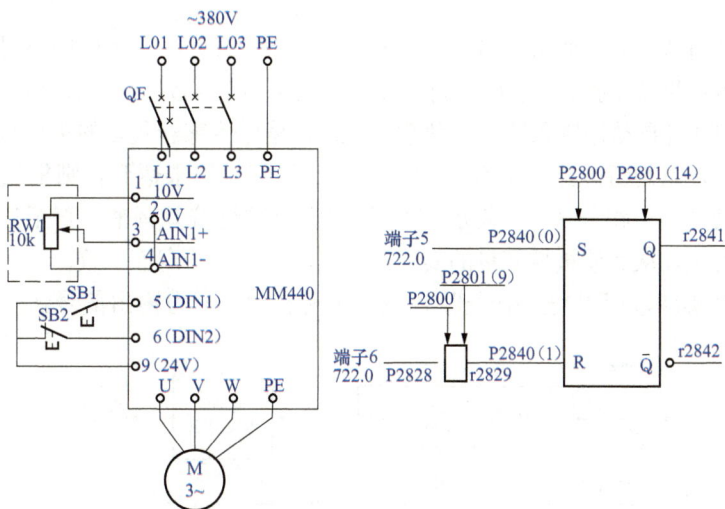

图 4-13　自由功能模块实现电动机运行控制电路

表 4-16　　　　　　　　　　　　　　变 频 器 参 数 设 置

参数号	参数值	功能说明
P0003	3	参数访问级
P1000	0	调试参数过滤器，准备运行状态
P0700	2	数字输入端控制变频器起停
P0701	99	数字输入端 DIN1 使能 BICO 参数化
P0702	99	数字输入端 DIN2 使能 BICO 参数化
P2800	1	使能自由功能模块
P2801 (9)	1	激活"非"逻辑功能模块
P2801 (14)	1	激活 RS 触发器功能模块
P0840	2841	RS 触发器 Q 输出端作变频器启停 ON/OFF1 命令
P2828	722.1	数字输入端 DIN2 对应非门输入端
P2840 [0]	722.0	数字输入端 DIN1 对应二进制互联值 722.0 作为 RS 触发器的 S 输入端
P2840 [1]	2829	定义 RS 触发器的 R 输入端

电路工作过程如下：按下 SB1 时，RS 触发器输入端 P2840[0]＝722.0＝1，RS 触发器输出 Q 端置 1，变频器起动，电动机运转；按下 SB2 时，常闭触点断开，非门输出 r2829＝1，RS 触发器复位端 P2840[1]＝1，RS 触发器复位，变频器停止，电动机停止运行。

4.10　PID 控制

在生产过程中，拖动系统的运行速度要求平稳，而负载在运行中不可避免地受到一些不可预见的干扰，系统的运行速度将失去平衡，导致振荡和设定值存在偏差。

PID 控制是自动控制系统的一种常见形式，是将传感器测量的被控量与给定目标值相比较，以判断被控量是否达到给定的目标值。如未达到，则根据两者的差值，按比例（P）、积分（I）、微分（D）控制方式进行偏差调整，直至达到给定的控制目标为止，从而使被控变量的实际值与工艺要求的给定值一致。

图 4-14 所示为 PID 控制原理图，r 为目标信号，y 为输出信号，变频器输出

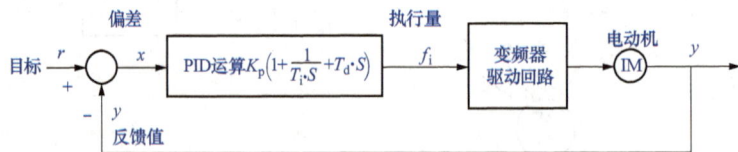

图 4-14　PID 控制原理图

频率 f 的大小由偏差 x（$x=r-y$）信号决定。一方面，反馈信号 y 应无限接近目标信号 r，即 x 趋近于 0，另一方面，变频器的输出频率 f 又是由 x 的结果来决定的。

图 4-14 中 K_P 为比例增益（P），其作用是对偏差值信号作出快速反应。偏差一旦产生，控制器立即产生控制作用，使控制量向减少偏差的方向变化。P 越大，调节灵敏度越高，但由于传动系统和控制电路都有惯性，调节结果达到最佳值时不能立即停止，导致"超调"，然后反过来调整，再次超调，从而形成振荡信号。

T_i 为积分时间常数（I），其作用是把偏差的积累作为输出。在控制过程中，只要偏差存在，积分环节的输出就不断增大，直到偏差为零，输出才维持在某一常量，使系统在给定值不变的情况下稳定运行。积分的调节作用虽然能消除静态误差，但会降低系统的响应速度，增加系统的超调量。

T_d 为微分时间常数（D），其作用是阻止偏差的变化。它是根据偏差的变化趋势（变化速度）进行控制。偏差变化得越快，微分控制器的输出越大，并能在偏差值变大之前进行修正。微分作用的引入，将有助于减小超调量，克服振荡，使系统趋于稳定。但微分作用对输入信号的噪声很敏感，微分作用过强，对系统抗干扰不利。

图 4-15 表示了 PID 控制的调节过程。

MM440 变频器内部配置有 PID 调节器，可构成 PID 闭环控制，控制功能如图 4-16 所示。PID 控制功能开启由参数 P2200 设定，频率主给定值由参数 P2253 设定，反馈信号由参数 P2264 设定，PID 系数分别由参数 P2280、P2285、P2274 设定。

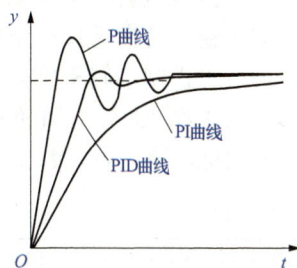

图 4-15 PID 控制调节过程

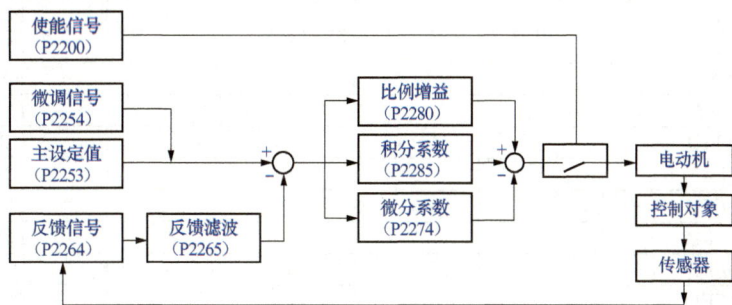

图 4-16 MM440 变频器 PID 控制框图

1. PID 频率给定源

PID 的频率给定源有外部模拟输入信号、固定 PID 设定值，已激活的 PID 值（BOP 面板和固定频率）3 种，由参数 P2253 设定，见表 4-17。

表 4-17   MM440 变频器 PID 给定源设定

PID 给定源	设定值	含 义	说 明
P2253	2250	已激活的 PID 值	操作面板给定时，通过改变 P2240 数值改变目标值
	755.0	模拟输入 AIN1 设定给定值	通过模拟量大小改变目标值
	755.1	模拟输入 AIN1 设定给定值	

PID 固定频率给定选择频率值的方式与多段转速控制的频率值选择方式相同，分为直接选择频率给定值、直接选择频率给定值＋ON 命令、二进制编码选择＋ON 命令 3 种方式。

（1）直接选择。设置参数 P0701～P0704＝15，此这种方式下，一个数字输入端选择一个固定 PID 频率给定值。

（2）直接选择＋ON 命令。设置参数 P0701～P0704＝16，此这种方式下，每个数字输入端在选择一个固定频率给定值的同时，还带有运行命令。

（3）二进制编码＋ON 命令。设置参数 P0701～P0704＝17，此这种方式下，最多可以选择 15 个不同的频率给定值。每个 PID 固定频率给定值分别由参数 P2201～P2015 进行设置，见表 4-18。

表 4-18   PID 固定频率选择表

PID 控制的固定频率	DIN4	DIN3	DIN2	DIN1	对应频率设置参数
	0	0	0	0	
PID-FF1	0	0	0	1	P2201
PID-FF2	0	0	1	0	P2202
PID-FF3	0	0	1	1	P2203
PID-FF4	0	1	0	0	P2204
PID-FF5	0	1	0	1	P2205
PID-FF6	0	1	1	0	P2206
PID-FF7	0	1	1	1	P2207
PID-FF8	1	0	0	0	P2208
PID-FF9	1	0	0	1	P2209
PID-FF10	1	0	1	0	P2210
PID-FF11	1	0	1	1	P2211
PID-FF12	1	1	0	0	P2212
PID-FF13	1	1	0	1	P2213
PID-FF14	1	1	1	0	P2214
PID-FF15	1	1	1	1	P2215

注 表中"1"表示对应数字输入端开关闭合，"0"表示对应数字输入端开关断开。

2. PID 反馈源

通过各种传感器、编码器采集到的被控制对象信号，可以作为 PID 的反馈信号，参数设置见表 4-19。

表 4-19   MM440 变频器 PID 反馈源

PID 反馈源	设定值	含　义	说　明
P2264	755.0	模拟输入 AIN1 作为反馈源	当模拟量波动较大时，可适当加大滤波时间，确保系统稳定
	755.1	模拟输入 AIN2 作为反馈源	

3. PID 控制器

PID 比例增益系数 P 由参数 P2280 设定，积分系数 I 由参数 P2285 设定，微分系数 D 由参数 P2274 设定。各系数作用如前所述，只有合理地整定这 3 个参数，才能获得比较满意的控制性能。

4. PID 控制器类型的选择

参数 P2263 用于选择 PID 控制器的类型。P2263＝0 选择对反馈信号进行微分的控制器，即微分先行控制器，避免大幅度改变给定值所引起的振荡现象。P2263＝1 选择对误差信号进行微分的控制器。

5. 滤波

在闭环控制系统中，无论是传感器测量，主设定值的给定，都不可避免地引入系统噪声。噪声的引入会引起系统不稳定和精度下降。因此西门子 MM4 系列变频器在 PID 控制器的功能中又加入了滤波环节。通过设置 PID 设定值的滤波时间常数参数 P2261，可平滑 PID 的设定值。设置 PID 反馈滤波时间常数参数 P2265，可平滑 PID 反馈信号。

6. PID 自整定

在 MM440 变频器中，PID 参数自整定是按照 Ziegler Nichols 标准，根据系统的开环特性来确定控制器比例增益系数和积分时间的。同时，在对 PID 参数进行自整定时，以阶跃响应的超调和响应时间为依据，通过选择不同的命令源来设定不同积分、微分系数和比例增益的大小。设置参数 P2350＝1，使能 PID 自整定功能。通过设置不同的 P2350 的值，可以使系统具有不同的超调量和阻尼系数。

图 4-17 为操作面板给定目标值的 PID 控制接线图，传感器将现场被控制量转换为 0～20mA 电信号接入变频器模拟输入 AIN2 端作为反馈信号，数字输入端 DIN1 接入开关 SA1 控制变频器的启停，给定目标值由 BOP 面板（▲▼）键设定，操作步骤如下。

（1）按图 4-17 连接电路，检查线路正确后，合上变频器电源开关 QF。

（2）参数设置。在变频器在通电的情况下，完成相关参数设置，功能参数

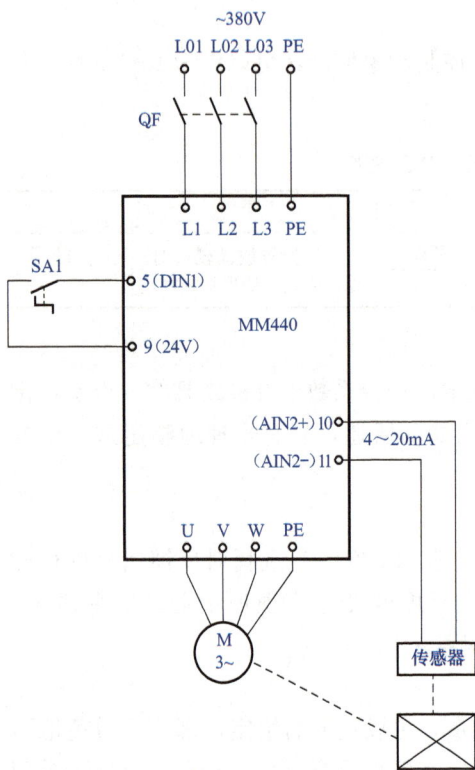

图 4-17 PID 控制接线图

见表 4-20，给定参数见表 4-21，反馈参数见表 4-22，PID 调节参数见表 4-23。

当 P2232＝0 允许反向时，可以用面板 BOP 键盘上的（▲▼）键设定 P2240 值为负值。

（3）变频器运行操作。

1）闭合开关 SA1 时，数字输入端 DIN1 为"ON"，变频器起动，电动机运行在参数 P2240 给定的对应速度上，当外部因素引起电动机的速度变化时，反馈的电流信号也跟随变化。若反馈的电流信号小于目标值 12mA（即 P2240 的设定值，20mA×60％＝12mA），变频器使驱动电动机加速，直至电动机速度上升到给定值对应的速度上。当反馈的电流信号大于目标值 12mA 时，变频器又将驱动电动机降速，直至电动机速度下降到给定值对应的速度上。如此反复，使变频器达到一种动态平衡状态，变频器使驱动电动机以一个动态稳定的速度运行。

表 4-20   PID 控制参数设置表

步　骤	设置参数	功能说明
1	参数复位	
2	P0010＝1	调试参数过滤器为快速调试状态
3	P0100＝0	功率单位用 kW，频率默认 50Hz
4	P0304＝	电动机额定电压（V）
5	P0305＝	电动机额定电流（A）
6	P0307＝	电动机额定功率（kW）
7	P0310＝	电动机额定频率（Hz）
8	P0311＝	电动机额定转速（r/min）
9	P0700＝2	数字输入端控制变频器起停
10	P1000＝1	运行频率由 BOP（▲▼）设置给定
11	＊P1080＝0	电动机最低运行频率
12	＊P1082＝50	电动机最高运行频率

步　骤	设置参数	功能说明
13	＊P1120＝10	加速时间（s）
14	＊P1121＝10	减速时间（s）
15	P3900＝1	结束快速调试，进行电动机数据计算，并且将不包括在快速调试中的其他全部参数都恢复为出厂设定值
16	P0003＝2	设定参数访问级为扩展级
17	P0010＝0	调试参数过滤器，准备运行
18	P0701＝1	设置数字输入端DIN1接通正转，断开停车
19	P2200＝1	PID控制功能有效

表 4-21　　　　PID 给定参数设置表

步　骤	设置参数	功能说明
20	P2253＝2250	PID设定值信号源为面板BOP
21	P2240＝60	由面板BOP（▲▼）设定的目标值/％
22	＊P2254＝0	无PID微调信号源
23	＊P2255＝100	PID设定值的增益系数
24	＊P2256＝0	PID微调信号增益系数
25	＊P2257＝1	PID设定值斜坡上升时间
26	＊P2258＝1	PID设定值斜坡下降时间
27	＊P2261＝0	PID设定值无滤波

表 4-22　　　　PID 反馈参数设置表

步　骤	设置参数	功能说明
28	P2264＝755.1	PID反馈信号为模拟输入AIN2
29	＊P2265＝0	PID反馈信号无滤波
30	＊P2267＝100	PID反馈信号的上限值（％）
31	＊P2268＝0	PID反馈信号的下限值（％）
32	＊P2269＝100	PID反馈信号的增益（％）
33	＊P2270＝0	不用PID反馈器的数学模型
34	＊P2271＝0	PID传感器的反馈型式为标准方式

表 4-23　　　　PID 调节参数设置表

步　骤	设置参数	功能说明
35	＊P2280＝25	PID比例增益系数
36	＊P2285＝5	PID积分时间
37	＊P2291＝100	PID输出上限（％）
38	＊P2292＝0	PID输出下限（％）
39	＊P2293＝1	PID限幅的斜坡上升/下降时间（s）
40		退出参数设置状态

第4章　MM440变频器的基本应用

2）如果需要，则频率设定值（P2240 值）可直接通过按操作面板上的（▲▼）键来改变。当设置参数 P2231＝1 时，由（▲▼）键改变了的设定值将被保存在内存中。

3）断开开关 SA1，数字输入端 DIN1 为"OFF"，变频器停止运行。

如图 4-18 所示为 3 个数字输入端实现 7 个 PID 固定频率控制的电路图，开关 SA1～SA3 给出 7 个 PID 固定频率作为 PID 控制目标值，反馈信号由 AIN1 引入，参数设置见表 4-24。

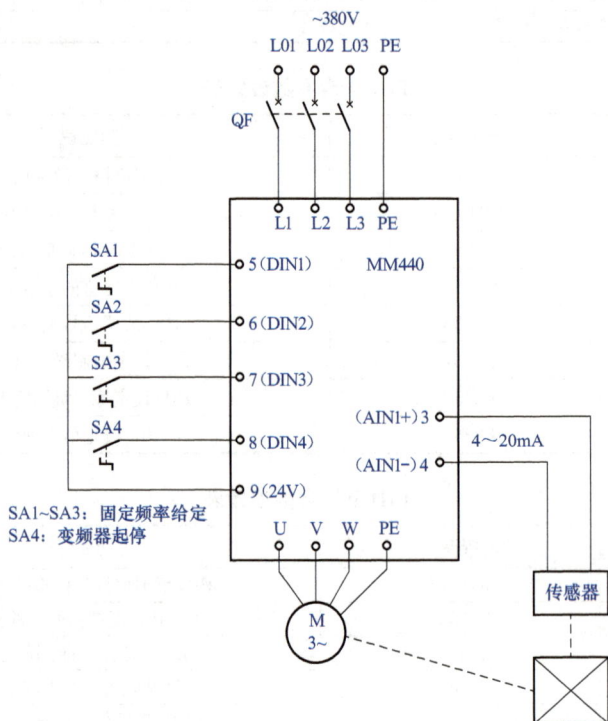

图 4-18 PID 固定频率控制

表 4-24　　　　　　　　　　　　**PID 固定频率给定控制参数设置表**

步　骤	设置参数	功能说明
1	参数复位	
2	P0010＝1	调试参数过滤器为快速调试状态
3	P0100＝0	功率单位用 kW，频率默认 50 Hz
4	P0304＝	电动机额定电压（V）
5	P0305＝	电动机额定电流（A）
6	P0307＝	电动机额定功率（kW）

步　骤	设置参数	功能说明
7	P0310＝	电动机额定频率（Hz）
8	P0311＝	电动机额定转速（r/min）
9	P0700＝2	数字输入端控制变频器起停
10	P1000＝3	选择固定频率设定值
11	＊P1080＝0	电动机最低运行频率
12	＊P1082＝50	电动机最高运行频率
13	＊P1120＝10	加速时间（s）
14	＊P1121＝10	减速时间（s）
15	P3900＝1	结束快速调试，进行电动机数据计算，并且将不包括在快速调试中的其他全部参数都恢复为出厂设定值
16	P0003＝2	设定参数访问级为扩展级
17	P0010＝0	调试参数过滤器，准备运行
18	P0701＝17	设置 DIN1 功能为二进制编码选择＋ON 命令
19	P0702＝17	设置 DIN2 功能为二进制编码选择＋ON 命令
20	P0703＝17	设置 DIN3 功能为二进制编码选择＋ON 命令
21	P0704＝1	设置 DIN4 功能为变频器起停控制
22	P2200＝1	PID 控制功能有效
23	P2201＝10	PID 固定频率给定值 1（％）
24	P2202＝20	PID 固定频率给定值 2（％）
25	P2203＝30	PID 固定频率给定值 3（％）
26	P2204＝40	PID 固定频率给定值 4（％）
27	P2205＝50	PID 固定频率给定值 5（％）
28	P2206＝60	PID 固定频率给定值 6（％）
29	P2207＝70	PID 固定频率给定值 7（％）
30	P2216＝3	PID 固定频率设定值方式一位 0，二进制编码选择＋ON 命令
31	P2217＝3	PID 固定频率设定值方式一位 1，二进制编码选择＋ON 命令
32	P2218＝3	PID 固定频率设定值方式一位 2，二进制编码选择＋ON 命令
33	P2253＝2250	PID 给定为 PID 固定频率给定
34	P2254＝70	无 PID 微调信号源
35	P2255＝100	PID 设定值的增益系数
36	P2256＝0	PID 微调信号增益系数

步　骤	设置参数	功能说明
37	P2257＝1	PID 设定值斜坡上升时间/s
38	P2258＝1	PID 设定值斜坡下降时间/s
39	P2261＝0	PID 设定无滤波
40	P2264＝755.0	PID 反馈信号为 AIN1
41	P2265＝0	PID 反馈信号无滤波
42	P2267＝100％	PID 反馈信号上限值
43	P2268＝0	PID 反馈信号下限值
44	P2269＝100％	PID 反馈信号的增益
45	P2270＝0	不用 PID 反馈器的模型
46	P2280＝15	PID 比例增益系数
47	P2285＝10	PID 积分时间
48	P2291＝100％	PID 输出上限
49	P2292＝0	PID 输出下限
50	P2293＝1	PID 限幅的斜坡上升/下降时间/s
51	退出参数设置状态	

4.11　矢　量　控　制

MM440 变频器在矢量控制设置时，按如下操作步骤进行。

恢复出厂设置 → 快速调试 → 电动机静态识别 → 电动机动态优化

1. 电动机静态识别和动态优化

矢量控制是基于电动机多项静态和动态参数，经过复杂算法运算得到的高精度动态控制。这些参数在 U/f 控制中是未涉及的，并且大部分的电动机说明书中都未提供。三相异步电动机除电动机铭牌上提供的额定参数外，矢量控制所必需的电动机参数有转子的时间常数或磁化时间、去磁时间、定子线间电阻、电缆电阻、转子电阻、定子漏感、转子漏感、主电感等。作为一般用户，这些参数是很难获得的，为此矢量控制变频器设计了变频器自学习电动机参数的功能。

当变频器与电动机安装完毕，二者之间完成连接，把电动机与其所驱动的设备或负载脱开，在向变频器输入电动机额定参数和控制参数后，可选择矢量控制模式，再按变频器菜单提示起动变频器的自学习功能。这时变频器向电动机输出不同电压和不同时间长度的三相电流，可以在电动机完全不转或稍有转动的情况下，计算矢量控制所需的电动机参数。

电动机静态识别、电动机动态优化按表 4-25 所列步骤操作。注意，电动机优化时必须脱开机械负载。在快速调试和电动机参数优化的过程中，变频器会根据负载参数自动辨识系统模型，建立模型观测器，在没有传感器的情况下，系统也会根据输出电流来计算当前速度，作为速度反馈来构成速度闭环。

表 4-25　　　　　　　　　　　　电动机动态优化操作

操作内容	参数设置	功能说明
电动机静态识别	P1910＝0	禁止电动机静态识别
	P1910＝1	自动检测电动机参数和变频器特性并修改下列参数值，将这些数据应用于控制器。 P0350，定子电阻 P0354，转子电阻 P0356，定子漏抗 P0358，转子漏抗 P0360，主电抗 P1825，IGBT 的通态电压 P1828，触发控制单元联锁的补偿时间
	P1910＝2	识别所有电动机参数但不进行修改，这些数据不用于控制器。
	P1910＝3	自动检测电动机磁路饱和曲线并修改下列参数值。 P0362～P0365 磁化曲线的磁通 1～4 P0366～P0369 磁化曲线的磁化电流 1～4 注意：激活电动机参数自动检测后，变频器将显示报警信息 A0541，需要马上起动变频器，等待自动优化（优化时间与变频器功率大小有关）
电动机动态优化	P1960＝1	激活电动机动态优化后，变频器将显示报警信息 A0542，需要马上起动变频器，电动机会突然加速。

2. 速度控制器设置

在矢量控制中，速度控制器影响系统的动态特性。特别是恒转矩负载，速度闭环控制有利于改善系统的运动精度和跟随性能。图 4-19 表示了速度控制器在矢量控制中的作用，速度控制器的配置是重要的环节。带速度反馈的速度控制器，参数 P1460 设置速度控制器的增益系数，参数 P1462 设置速度控制器的积分时间。不带速度反馈的速度控制器，参数 P1470 设置速度控制器的增益系数，参数 P1472 设置速度控制器的积分时间。

速度控制器设定方式有 3 种。

（1）手动调节。由设定者根据经验对速度控制器的比例与积分参数进行整定。

（2）PID 自整定。通过设定参数 P1400 完成，设置 P1400.0＝1，使能速度

主设定频率 → 滤波 → ⊗ → PI速度控制器 → 系统

编码器反馈 →

观测器模型反馈实际频率 →

→ 滤波 →

手动调节 自整定 优化整定

P1400.0＝1

P1960＝1

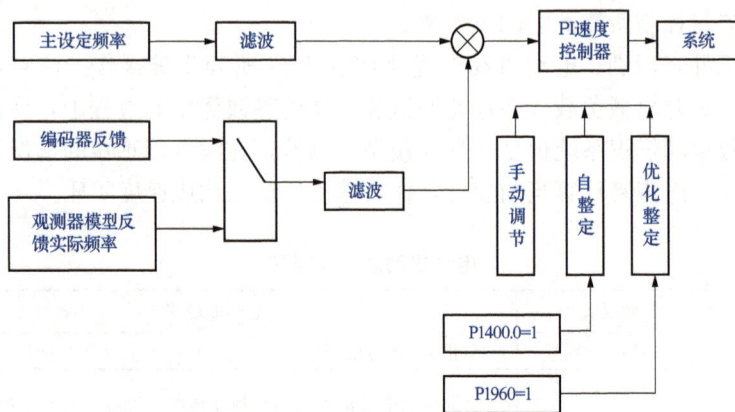

图 4-19　速度控制器在矢量控制中的作用

控制器的增益自适应功能，即根据系统偏差的大小来自动调节比例增益系数 K_p。在弱磁区，增益系数随磁通的降低而减小。设置 P1400.1＝1，速度控制器的积分被冻结，只有比例增益，即对开环运行的电动机加上滑差补偿。

（3）优化方式自整定。设置 P1960＝1，变频器会自动对速度控制器的各参数进行整定。

3. 矢量控制方式设置

MM440 变频器矢量控制有 4 种方式，由参数 P1300 设置。

P1300＝20，无传感器的矢量控制。

P1300＝21，带传感器的矢量控制。

P1300＝22，无传感器的矢量-转矩控制。

P1300＝23，无传感器的矢量-转矩控制。

转矩控制与速度矢量控制的主要区别是闭环调节是基于转矩物理量进行运算的。当参数 P1300＝22 时，设置为无传感器的矢量－转矩控制方式，由参数 P1500 设定转矩控制信号源（给定值）。

P1500＝0，无主设定值。

P1500＝2，模拟输入设定。

P1500＝4，通过 BOP 链路的 USS 设定。

P1500＝5，通过 COM 链路的 USS 设定。

P1500＝6，通过 COM 链路的通信板（CB）设定。

P1500＝7，模拟设定值 2 设定。

速度控制与转矩控制的切换，通过设置参数 P1501＝1 或者 P1501＝722. X 来实现速度控制到转矩控制的切换，如图 4-20 所示。

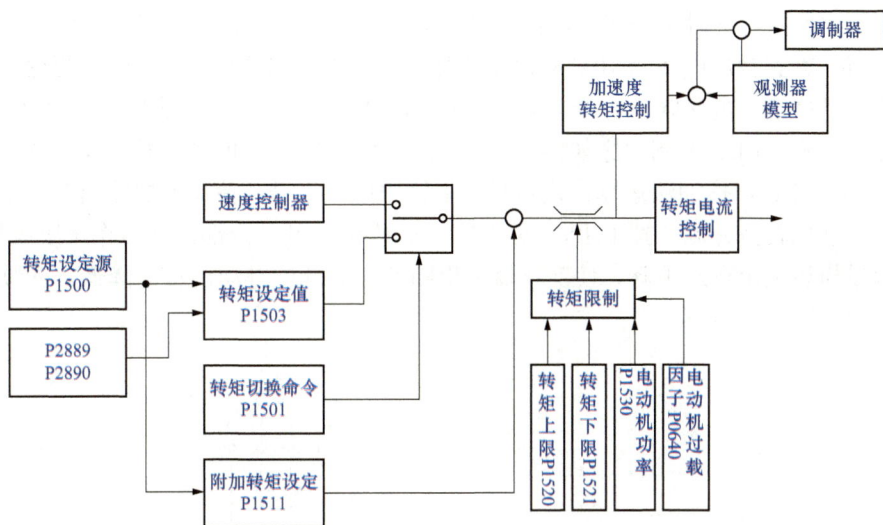

图 4-20　速度矢量控制与转矩控制切换

4.12　PLC 与 MM440 变频器的端口连接

PLC（可编程控制器）是一种利用数字运算和操作的精密电子控制装置，可通过软件来改变控制过程。PLC 具有体积小、组装灵活、编程简单、抗干扰能力强及可靠性高等诸多优点，已成为工业自动化应用技术的三大支柱之一。在工业自动化应用技术领域，速度调节和控制是经常用到的环节，而变频器具有高效的驱动性能和良好的控制特性，在提高控制质量、减少维护费用和节能等方面都取得了明显的经济效益。在这些场合，变频器所发挥的作用是其他任何控制设备和装置都不能取代的。虽然变频器可以单独使用，但大多数情况还是作为一个组成部分在工业自动化控制系统中使用。所以，作为主控制器的 PLC 和作为执行器件的变频器之间就需要相互配合，共同完成控制任务。

4.12.1　模拟量模块与变频器的连接

PLC 的模拟量输出模块输出 0～10V 电压信号或 4～20mA 电流信号，可作为变频器的外部模拟量给定信号控制变频器的输出频率。这种控制方式接线简单，但需要选择与变频器输入阻抗匹配的 PLC 输出模块。此外还需要采取分压措施使变频器适应 PLC 的电压信号范围，在连接时将信号线与主电路分开，保证主电路一侧的噪声不传至控制电路。

如图 4-21 所示是西门子 S7-200 PLC 的模拟量输出模块控制变频器输出频率的接线图。图中按钮 SB1、SB2 接入 PLC 的 I0.0 和 I0.1 用作加速和减速键。当按 SB1 "加速" 键时，程序控制模拟量模块输出电压增高，变频器控制电动机加速运行，直到输出电压为 10V 时停止增加。反之按 SB2 "减速" 键时，程序控制模拟量模块输出电压降低，变频器控制电动机减速运行，直到输出电压降为 0V 时停止下降。PLC 控制程序如图 4-22 所示，程序中按下 I0.0 对应的 SB1 按钮，PLC 内部计数器作加法运算，模拟量模块输出电压上升，使变频器输出频率也升高，电动机转速升高。按下 I0.1 对应的 SB2 按钮，PLC 内部计数器作减法运算，模拟量模块输出电压下降，使变频器输出频率也降低，电动机转速降低。变频器的参数设置见表 4-26。

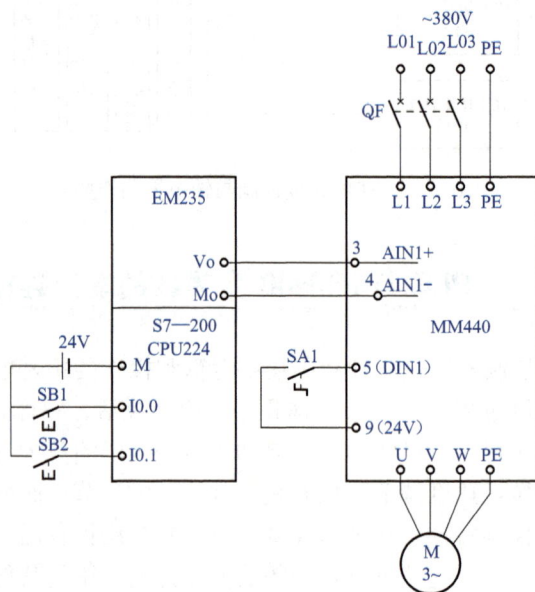

图 4-21　PLC 模拟量模块与 MM440 变频器连接

4.12.2　开关量模块与变频器的连接

PLC 的开关量输出端口一般可以与变频器的数字输入端直接连接，这种控制方式的接线简单，抗干扰能力强。利用 PLC 的开关量输出端可以控制变频器的起/停、正/反转、点动等，能实现较为复杂的逻辑控制要求，但只能实现有级调速。

图 4-23 为 S7-200PLC 开关量输出端口与 MM440 变频器数字输入端的连接电路图，实现电动机正、反向运行。当电动机正、反向运行时，起动时间为 10s，电动机转速为 840r/min（对应频率 30Hz），当电动机停止时，发出停车指令 6s 内电动机停止。

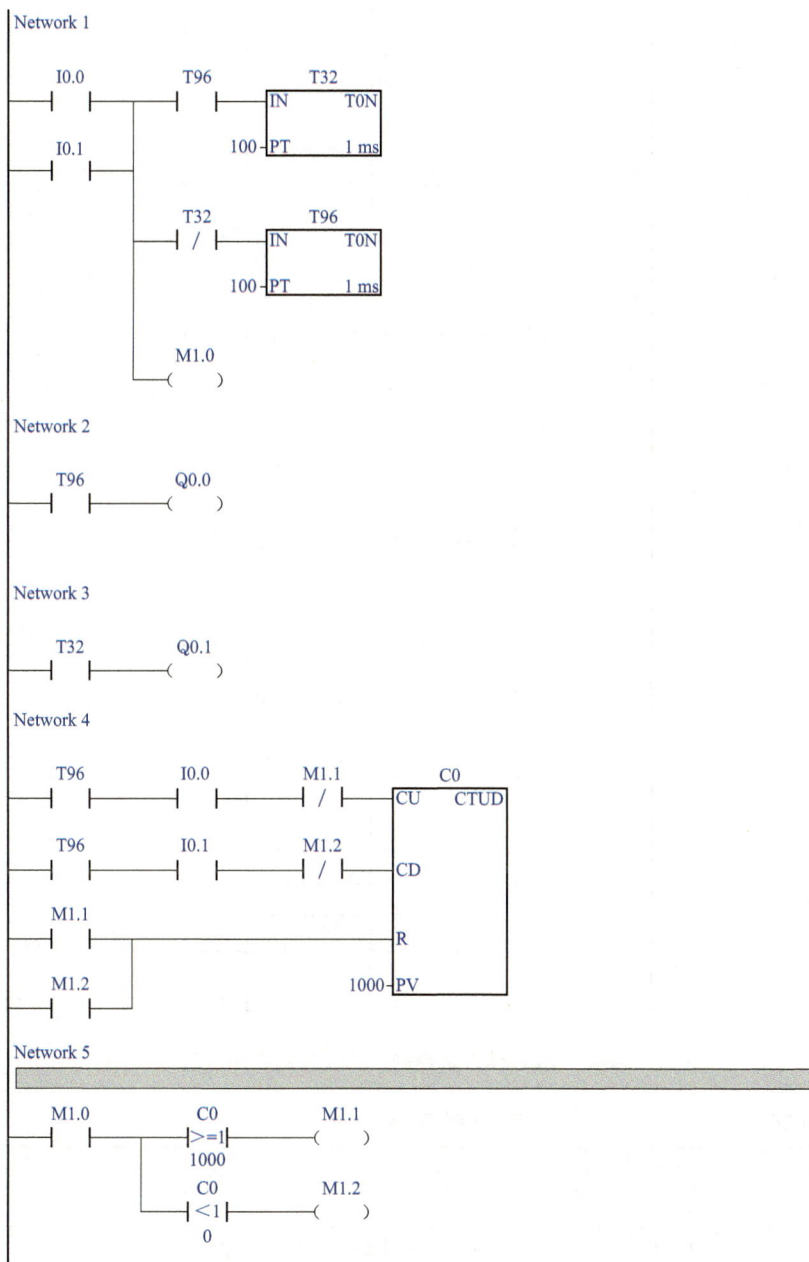

图 4-22　PLC模拟量控制变频器控制程序（一）

Network 6

```
         M1.0                    ┌─────────────┐
    ─────┤ ├──────────────────── │    I_DI     │ ──────────►
                                 │ EN      ENO │
                                 │             │
                          C0 ────┤ IN      OUT ├── VD100
                                 └─────────────┘

                                 ┌─────────────┐
    ──────────────────────────── │    DI_R     │ ──────────►
                                 │ EN      ENO │
                                 │             │
                       VD100 ────┤ IN      OUT ├── VD100
                                 └─────────────┘

                                 ┌─────────────┐
    ──────────────────────────── │    MUL_R    │ ──────────►
                                 │ EN      ENO │
                                 │             │
                       VD100 ────┤ IN1     OUT ├── AC0
                        32.0 ────┤ IN2         │
                                 └─────────────┘

                                 ┌─────────────┐
    ──────────────────────────── │    ROUND    │ ──────────►
                                 │ EN      ENO │
                                 │             │
                         AC0 ────┤ IN      OUT ├── AC0
                                 └─────────────┘

                                 ┌─────────────┐
    ──────────────────────────── │    DI_I     │ ──────────►
                                 │ EN      ENO │
                                 │             │
                         AC0 ────┤ IN      OUT ├── AC0
                                 └─────────────┘

                                 ┌─────────────┐
    ──────────────────────────── │    ADD_I    │ ──────────►
                                 │ EN      ENO │
                                 │             │
                          10 ────┤ IN1     OUT ├── AC0
                         AC0 ────┤ IN2         │
                                 └─────────────┘

                                 ┌─────────────┐
    ──────────────────────────── │    MOV_W    │ ──────────►
                                 │ EN      ENO │
                                 │             │
                         AC0 ────┤ IN      OUT ├── AQW0
                                 └─────────────┘
```

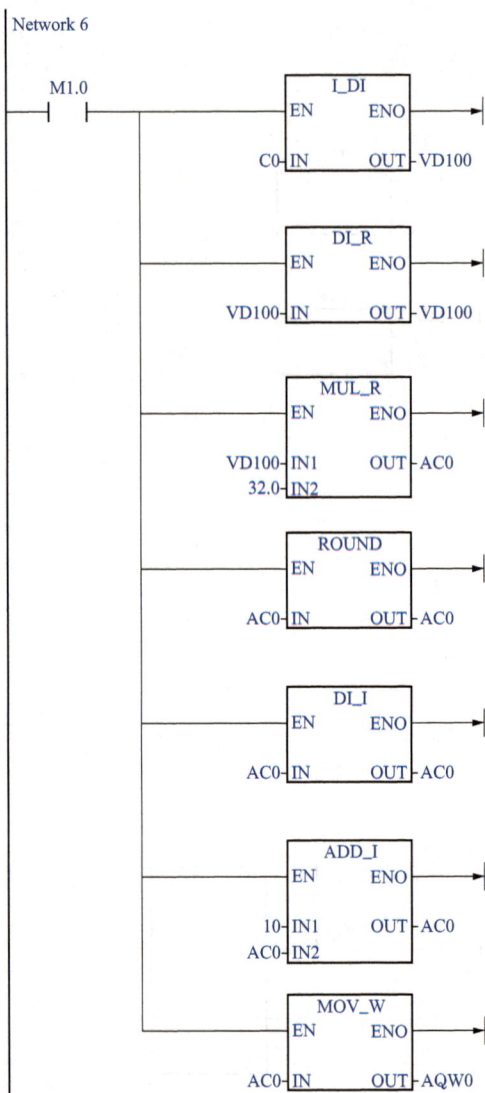

4-22 PLC 模拟量控制变频器控制程序（二）

表 4-26   变 频 器 参 数 设 置 表

步　骤	设置参数	功能说明
1	参数复位	
2	P0010＝1	调试参数过滤器为快速调试状态
3	P0304＝	电动机额定电压（V）
4	P0305＝	电动机额定电流（A）

步 骤	设置参数	功能说明
5	P0307=	电动机额定功率（kW）
6	P0310=	电动机额定频率（Hz）
7	P0311=	电动机额定转速（r/min）
8	P0700=2	数字输入端控制变频器起停
9	P1000=2	运行频率由外部模拟量控制
10	＊P1080=0	电动机最低运行频率
11	＊P1082=50	电动机最高运行频率
12	＊P1120=10	加速时间（s）
13	＊P1121=10	减速时间（s）
14	P3900=1	结束快速调试，进行电动机数据计算，并且将不包括在快速调试中的其他全部参数都恢复为出厂设定值
15	P0003=2	设定参数访问级为扩展级
16	P0010=0	调试参数过滤器，准备运行
17	P0701=1	设置数字输入端 DIN1 接通正转，断开停车
18	P0756（0）=0	外部模拟信号为单极性电压输入（0～10V）
19	P0757 [0]=0	输入电压标定：0V 对应 0%的标度，即 0Hz
20	P0758 [0]=0%	
21	P0759 [0]=10	输入电压标定：电压 10V 对应 100%的标度，即 50Hz
22	P0760 [0]=100%	
23	P0761 [0]=0	输入信号死区宽度
24	退出参数设置状态	

由 PLC 发布控制命令，通过变频器数字输入端控制电动机正/反向运行、停止。PLC I/O 分配表见表 4-27，变频器参数设置见表 4-28，控制程序如图 4-24 所示。

4.12.3 PLC 通信口与变频器的连接

采用 PLC 的开关量 I/O 点、模拟量模块、电位计调压可实现变频器的启停和调速。但这种控制占用 PLC 的 I/O 点，需要增加模拟量模块和额外控制回路等，造成成本的增加，而且模拟量控制及检测容易受到干扰，电位计现场给定速度不规范，随意性较

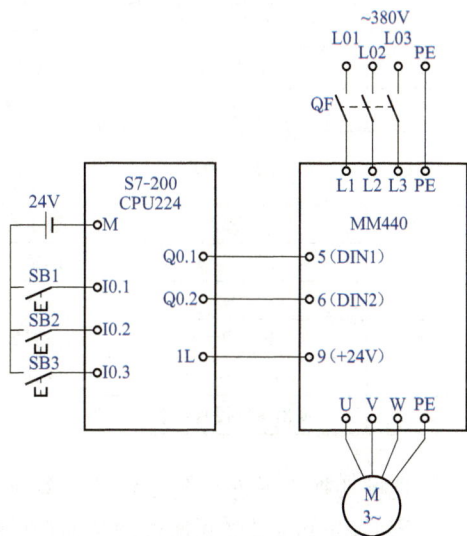

图 4-23　PLC 开量输出端与变频器连接图

表 4-27   **PLC I/O 分配表**

输 入			输 出	
电路符号	地址	功能	地址	功能
SB1	I0.0	正转按钮	Q0.1	电动机正转
SB2	I0.1	反转按钮	Q0.2	电动机反转
SB3	I0.2	停止按钮		

表 4-28   **变 频 器 参 数 设 置 表**

步 骤	设置参数	功能说明
1	参数复位	
2	P0010＝1	调试参数过滤器为快速调试状态
3	P0304＝0	电动机额定电压（V）
4	P0305＝0	电动机额定电流（A）
5	P0307＝0	电动机额定功率（kW）
6	P0310＝0	电动机额定频率（Hz）
7	P0311＝0	电动机额定转速（r/min）
8	P0700＝2	数字输入端控制变频器起停
9	P1000＝1	频率给定值由 BOP 设定
10	＊P1080＝0	电动机最低运行频率
11	＊P1082＝50	电动机最高运行频率
12	P1120＝10	加速时间（s）
13	P1121＝6	减速时间（s）
14	P3900＝1	结束快速调试，进行电动机数据计算，并且将不包括在快速调试中的其他全部参数都恢复为出厂设定值
15	P0003＝2	设定参数访问级为扩展级
16	P0010＝0	调试参数过滤器，准备运行
17	P0701＝1	设置数字输入端 DIN1 接通正转，断开停车
18	P0702＝2	设置数字输入端 DIN2 功能为 ON 接通反转/OFF 停车
19	P1040＝30	变频器运行频率
20	退出参数设置状态	

大，速度切换需另外布线控制等一系列的不便。

    PLC 和变频器之间通过网络通信的控制方式是时下比较常用的变频器控制方式，本书在第 5 章予以阐述。

西门子变频器技术及应用

Network 1   正转起动
Network Comment

```
       I0.0        I0.1        I0.2        M0.0
       ─┤├──┬──────┤/├────────┤/├────────(    )
            │
       M0.0 │
       ─┤├──┘
```

Network 2   反转延时

```
       I0.1        I0.0        I0.2                    M0.1
       ─┤├──┬──────┤/├────────┤/├──────┬─────────────(    )
            │                          │
       M0.1 │                          │         T37
       ─┤├──┘                          │      ┌──────────┐
                                       └──────┤IN    TON │
                                              │          │
                                        100 ──┤PT  100 ms│
                                              └──────────┘
```

Network 3   正转运行

```
       M0.0        Q0.1
       ─┤├────────(    )
```

Network 4   反转运行

```
       M0.1        T37        Q0.2
       ─┤├────────┤├────────(    )
```

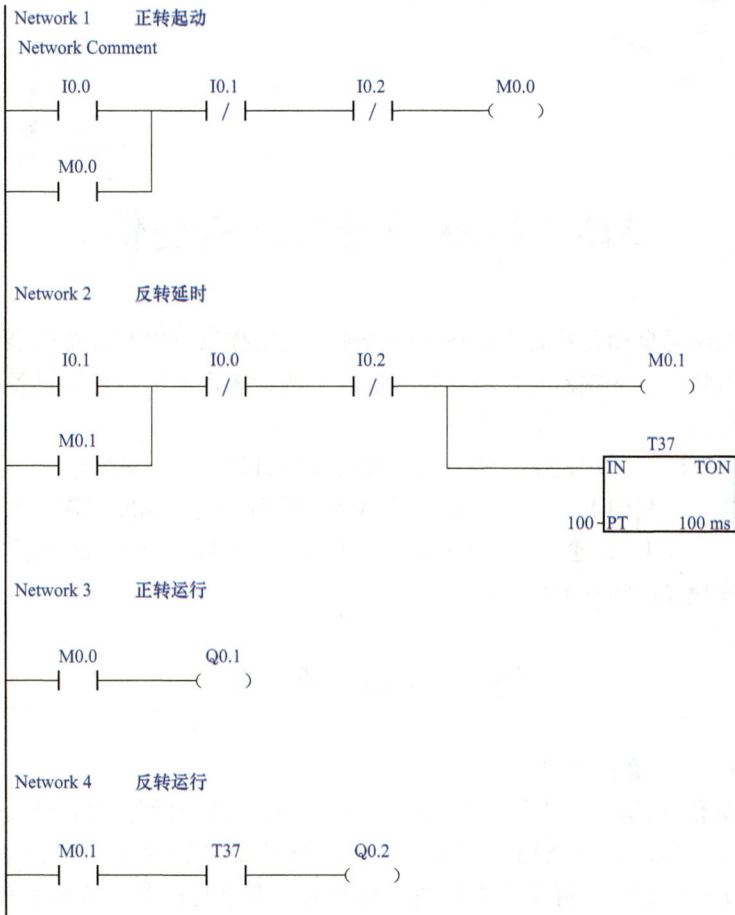

图 4-24   PLC 控制变频器运行程序

第 **5** 章

MM440 变频器的网络通信

通信控制是自动化装置不可缺少的功能，通信控制可以实现变频器的远距离控制，可以将多台变频器与可编程控制器、工业计算机等多种控制设备组成自动化控制系统。

MM420/430/440 支持 USS（RS485）、PROFIBUS、CANopen、DeviceNet 多种现场总线，其中 RS485 通信接口为 MM4 系列变频器标准配置，无需安装通信模板即可实现 USS 通信，PROFIBUS、CANopen 和 DeviceNet 通信需要安装相应通信模板才能实现通信功能。

5.1 USS 通 信

5.1.1 USS 通信协议

USS 通信（Universal Serial Interface）即通用串行通信接口，是西门子公司所有通用变频器产品的通用通信协议，它的物理接口是 RS485 串行通信接口，采用半双工通信方式，可以在本地或远程对变频器进行控制、监测和参数设置。与 PROFIBUS 及其他协议相比，USS 协议无需购置通信附件，是一种低成本、高性能的工业网络组态连接方案。

USS 通信为主从结构，每个网络上可以连接 1 个主站和最多 31 个从站，通信总是由主站发起，不断循环轮询各个从站，从站根据收到的指令，决定是否响应。从站在接收到主站报文中被寻址，且报文没有错误时应答，各个从站之间不能直接进行数据通信。主站一般为 PLC 或者 PC 机，从站可以是变频器。

USS 通信主站与从站之间的数据报文格式如图 5-1 所示，每条报文都是以字符 STX（＝02hex）开始，接着是长度的说明（LEG）和地址字节（ADR），然后是要传送的数据字符，最后以数据块的检验符（BCC）结束，各字节含义如下。

STX	LGE	ADR	1	2	……	n	BCC

数据字符

图 5-1 USS 通信数据报文结构

STX：起始标志字符。占用一个字节，表示一个报文的开始，固定值为"02H"。

LGE：报文长度。占用一个字节，表示在

这个报文中，LGE 区域后的字节数。按照 USS 协议，报文长度可定义为固定长度和可变报文长度，由参数 P2012 和 P2013 定义。LGE＝N＋2（N 为数字字符字节数）。

ADR：从站结点（即变频器）地址。占用一个字节，地址字节每一位的寻址如图 5-2 所示。图中位 0～位 4 表示从站地址，位 5 是广播位，如果这一位设置为 1，该信息就是广播信息，对串行链路上所有信息都有效。如果启用位 6～位 7，位 6 表示镜像发送，用于网络测试，位 7 表示特殊报文。

BCC：校验符。占用一个字节，用于检查该信息是否有效，它是该信息中 BCC 前面所有字节"异或"运算的结果，如果根据校验和的运算结果，表明变频器接收到的信息是无效的，就丢弃这一信息，并且不向主站发出应答信号。

数据区由参数识别 ID-数值区（PKW）和过程数据区（PZD）组成，典型 USS 报文的数据区结构如图 5-3 所示。PKW 区由参数识别 ID（PKE）、参数索引（IND）和参数值（PWE）3 部分构成。PZD 区包括多个主站和从站之间的控制和过程数据 PZD1、PZD2、…、PZDm，各字含义如下。

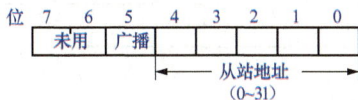

图 5-2 地址（ADR）的位号 　　　图 5-3 USS 报文的数据区结构

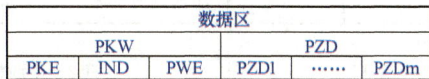

PKE：参数识别 ID。占用一个字节，用于控制变频器的参数设定，结构见表 5-1。

表 5-1 参数识别 ID PKE 的结构

位	含 义	说 明
位 15～12	任务或应答识别标记 ID	主站到从站的任务识别标记 ID 见表 5-2，从站到主站的应答识别标记 ID 见表 5-3
位 11	参数改变标志	固定为 0
位 10～00	基本参数号	完整的参数号由基本参数号和 IND 的位 15～12（下标）构成

表 5-2 任务识别标记 ID 定义

任务识别标记 ID	含 义	应答识别标记	
		正	负
0	没有任务	0	—
1	请求参数数值	1 或 2	7
2	修改参数数值（单字）［只修改 RAM］	1	7 或 8

任务识别 标记 ID	含　义	应答识别标记	
		正	负
3	修改参数数值（双字）［只修改 RAM］	2	7 或 8
4	请求元素说明	3	7
5	修改元素说明（MM4 系列变频器不可用）	—	—
6	请求参数数值（数组），即带下标的参数	4 或 5	7
7	修改参数数值（数组，单字）［只修改 RAM］	4	7 或 8
8	修改参数数值（数组，双字）［只修改 RAM］	5	7 或 8
9	请求数组元素的序号，即下标的序号，"No."	6	7
10	未使用	—	
11	存储参数数值（数组，双字）［RAM 和 EEPROM 都修改］	5	7 或 8
12	存储参数数值（数组，单字）［RAM 和 EEPROM 都修改］	4	7 或 8
13	存储参数数值（双字）［RAM 和 EEPROM 都修改］	2	7 或 8
14	存储参数数值（单字）［RAM 和 EEPROM 都修改］	1	7 或 8
15	读出或修改文本（MM4 系列变频器不可用）	—	—

表 5-3　　　　　　　　　　　　应答识别标记 ID 定义

应答识别标记 ID	含　义	对任务识别标记 ID 的应答
0	不应答	0
1	传送参数数值（单字）	1、2 或 14
2	传送参数数值（双字）	1、3 或 13
3	传送说明元素	4
4	传送参数数值（数组，单字）	6、7 或 12
5	传送参数数值（数组，双字）	6、8 或 11
6	传送数组元素的数目	9
7	任务不能执行（有错误的数值）	1 至 15
8	对参数接口没有修改权	2、3、5、7、8、11 至 14 或 15（也没有文本修改权）
9~12	未使用	—
13	预留，备用	—
14	预留，备用	—
15	传送文本	15

　　IND：用来指定某些数组型设备参数的子参数号（下标），占用一个字节，结构见表 5-4。

表 5-4　　　　　　　　　　　　　下标 **IND** 的结构

位	含　义	说　明
位 15、14、13、12 (2^0、2^3、2^2、2^1)	页号	见表 5-5
位 11~10	备用	未使用
位 09~08	选择文本的类型＋文本的读或写	未使用
位 07~00	下标：哪个参数值；哪个元素说明； 哪个下标文本是有效的；哪个数值文本 是有效的	数值 255＝下标参数的全部数值 或参数说明的全部元素，只有当 P2013＝127 时才有可能

完整的参数号由 PKE 的位 10~00（基本参数号）和 IND 的位 15~12（下标）构成，产生机理见表 5-5。

表 5-5　　　　　　　　　　　　完整的参数号产生机理

基本参数号 （PKE 的位 10~00）	页号（IND 的位 15~12）	完整的参数号＝基本参数号＋ （页号＊2000）
0~1999	0	0~1999
0~1999	1	2000~3999
0~1999	2	4000~5999
0~1999	3	6000~7999
0~1999	4	8000~9999
⋮	⋮	⋮
0~1999	15	30000~31999

注　位 15 的权是 2^0，所以参数号 2000~3999 的这一位必须是 1；MM4 系列变频器没有大于 3999 的参数号。

PWE：参数的数值，1 字长或 2 字长。MM4 系列变频器的参数值有几种不同类型：整数（单字长或双字长）、十进制数（以 IEEE 浮点数的形式给出，永远是双字长）以及下标参数（数组）。PWE 的结构见表 5-6、表 5-7。

表 5-6　　　　　　　　　　　　PWE 的结构（第 3 个字）

位	含　义	说　明
位 15~00	＝对于非数组参数，是参数的数值。 ＝对于数组参数是第 n 个参数的数值和对于 第 n 个元素的任务	当 P2013 的值 ＝3（固定长度为 3 个字）或 ＝127（长度可变） 以及单字长参数时
	＝对于数组参数是第 1 个参数的数值和对于 所有元素的任务	当 P2013 的值 ＝127（长度可变） 以及单字长参数时

位	含　义	说　明
位 15～00	＝0	当 P2013 的值 ＝4（固定长度为 4 个字） 以及单字长参数时
	＝参数数值的高位字（非数组参数）。 ＝对于数组参数是参数数值的高位字和对于 第 n 个元素任务的高位字	当 P2013 的值 ＝4（固定长度为 4 个字）或 ＝127（长度可变） 以及双字长参数时
	＝对于数组参数是第一个参数数值的高位字 和对于所有元素任务的高位字	当 P2013 的值 ＝127（长度可变） 以及双字长参数时
	错误的数值	从站→主站传送，且应答识别标记 ID＝ 任务不能执行时

表 5-7　　　　　　　　　　PWE 的结构（第 4 个字）

位	含　义	说　明
位 15～00	＝对于数组参数是第 2 个参数数值和对于所 有元素的任务	当 P2013 的值 ＝4（固定长度为 4 个字）或 ＝127（长度可变） 以及单字长参数时
	＝参数数值的低位字（非数组参数）。 ＝对于数组参数是第 n 个参数数值的低位字 和对于第 n 个元素任务的低位字	当 P2013 的值 ＝4（固定长度为 4 个字）或 ＝127（长度可变） 以及双字长参数时
	＝对于数组参数是第 1 个参数数值的低位字 和对于所有元素任务的低位字	当 P2013 的值 ＝127（长度可变） 以及双字长参数时
	＝下一个要访问的识别符标记 ID	从站→主站传送，且应答识别标记 ID＝ 任务不能执行时。 错误的数值＝ID 不存在或 ID 不能访问 时。 当 P2013 的值＝127（长度可变）时
	＝下一个或前一个有效的数值（16 位）。 ＝下一个或前一个有效的数值（32 位）的高 位字。 根据以下判定条件： 如果新值＞实际值→下一个有效的数值； 如果新值＜实际值→前一个有效的数值。	从站→主站传送，且应答识别标记 ID＝ 任务不能执行时。 错误的数值＝数值不可接受或有新的最 大/最小值存在。 当 P2013 的值＝127（长度可变）时

PZD区用于主站和从站之间传递控制和过程数据，其结构见表5-8。主站到从站，PZD1 对应 STW，PZD2 对应 HSW，PZD3 对应 HSW2，PZD4 对应 STW2。从站到主站，PZD1 对应 ZSW，PZD2 对应 HIW，PZD3 对应 ZSW2，PZD4 对应 HIW2。根据参数 P2012 的设置，变频器可以采用 0 到 4 个字长的 PZD 进行操作，但 MM4 变频器通常采用的是 2 个字长的 PZD。各字含义如下。

表 5-8 　　　　　　　　　　　　　PZD 区 结 构

数据传递方向	PZD1	PZD2	PZD3	PZD4
主站→从站（MM440）	STW	HSW	HSW2	STW2
从站（MM440）→主站	ZSW	HIW	ZSW2	HIW2

任务报文 STW：主站发给从站的控制字，含义见表5-9。

表 5-9 　　　　　　　　　　　　STW 控 制 字 表

位 00	ON（斜坡上升）/OFF1（斜坡下降）	0 否	1 是
位 01	OFF2：按惯性自由停车	0 是	1 否
位 02	OFF3：快速停车	0 是	1 否
位 03	脉冲使能	0 否	1 是
位 04	斜坡函数发生器（RFG）使能	0 否	1 是
位 05	RFG 开始	0 否	1 是
位 06	设定值使能	0 否	1 是
位 07	故障确认	0 否	1 是
位 08	正向点动	0 否	1 是
位 09	反向点动	0 否	1 是
位 10	由 PLC 进行控制	0 否	1 是
位 11	设定值反向	0 否	1 是
位 12	未用	—	—
位 13	用电动电位计（MOP）加速	0 否	1 是
位 14	用 MOP 降速	0 否	1 是
位 15	本机/远程控制	0 P0719 下标 0	1 P0719 下标 1

任务报文 HSW：主站发给从站的频率设定值。按照参数 P2009（USS 规格化）的设置可以定义采用哪种方式。如果参数 P2009 设置为 0，数值是以十六进制数的形式发送，即 4000（hex）规格化由参数 P2000 设定的频率发送。如果参数 P2009 设置为 1，数值是以绝对十进制数的形式发送，即 4000（十进制）＝0FA0（hex）等于 40.00Hz。

应答报文 ZSW：从站返回主站的应答报文字，其含义见表5-10。

位 00	变频器准备	0 否	1 是
位 01	变频器运行准备就绪	0 否	1 是
位 02	变频器正在运行	0 否	1 是
位 03	变频器故障	0 是	1 否
位 04	OFF2 命令激活	0 是	1 否
位 05	OFF3 命令激活	0 否	1 是
位 06	禁示 ON（接通）命令	0 否	1 是
位 07	变频器报警	0 否	1 是
位 08	设定值/实际值偏差过大	0 是	1 否
位 09	PZD1（过程数据）控制	0 否	1 是
位 10	已达到最大频率	0 否	1 是
位 11	电动机电流极限报警	0 是	1 否
位 12	电动机抱闸制动投入	0 是	1 否
位 13	电动机过载	0 是	1 否
位 14	电动机正向运行	0 否	1 是
位 15	变频器过载	0 是	1 否

应答报文 HIW：从站返回主站的运行参数实际值，通常定义为变频器的输出频率，通过参数 P2009 进行规格化，格式同 HSW。

5.1.2   USS 协议指令库

西门子公司的 PLC 编程软件提供了 USS 协议指令库，在使用 USS 协议前，需要先安装指令库"Toolbox _ V32-SETP7-Micro WIN32 Instruction Library"。安装 USS 指令库后，在 SETP7-Micro/win 指令树的"指令/库/USS Protool Port0"和"指令/库/USS Protool Port1"文件夹中分别出现 8 条指令，如图 5-4 所示。PLC 将用这些指令来控制变频器的运行和参数的读写操作。

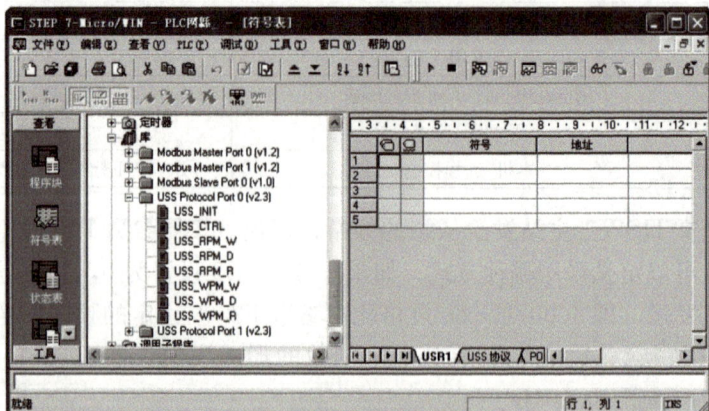

图 5-4   USS 指令库

西门子 变频器技术及应用

1. 初始化指令 USS_INIT

USS_INIT 指令用于打开或禁止 PLC 与变频器之间的通信，在执行 USS 协议前，必须先成功执行一次 USS_INIT 指令，只有当指令成功执行且完成 DONE 置位后，才能继续执行下面的指令。USS_INIT 指令格式及参数说明见表 5-11。

表 5-11 USS_INIT 指令格式及参数说明

指令格式	端口名称	数据格式	说　明
USS_INIT EN Mode　Done Baud　Error Active	EN	BOOL	该位为 1 时，USS_INIT 指令被执行
	Mode	BYTE	选择 PLC 的通信端口协议，0-PPI 通信协议，1-USS 通信协议
	Baud	INT	USS 通信波特率，波特率的允许值为 2 400、4 800、9 600、19 200、38 400、57 600 或 115 200bit/s
	Active	DINT	用于设置网络上的哪个变频器被激活。Active 用一个 32 位长的双字节来映射变频器通信地址，见表 5-12
	Done	BIT	USS_INIT 指令正确执行完成后该位置 1
	Error	BYTE	USS_INIT 指令执行有错误时该字节包含错误代码

表 5-12 Active 变频器地址映射表

位　号	MSB 31	30	29	28	···	03	02	01	LSB 00
对应变频器地址	31	30	29	28	···	3	2	1	0
激活标志	0	0	0	0	···	1	0	0	0
取 16 进制无符号整数值	0				···	8			
Active	16#00000008								

表中每一位的位号表示网络中变频器的地址号，要激活某地址号的变频器，则需要把相应位号的激活标志位设为二进制 "1"，不需要激活的变频器地址号，相应的激活标志位设置为 "0"。最后对此双字节取无符号整数就可以得出 Active 参数的取值。例如使用站地址为 3 的 MM440 变频器，则须在位号为 03 的激活标志位单元格中填入二进制 "1"。其他不需要激活的地址对应的激活标志位设置为 "0"。取整数，计算出的 Active 值为 00000008H，表示为 16#00000008，也等于十进制数 8。

2. 控制指令 USS_CTRL

USS_CTRL 指令用于控制已经用 USS_INIT 指令激活的变频器，每台变频器只能使用一条这样的指令。该指令将用户命令放在通信缓冲区内，如果指令参数 Drive 指定的变频器已经激活，缓冲区的命令将被发送到指定的变频器。USS_CTRL 指令格式及参数的意义见表 5-13。

表 5-13 　　　　　　　　　　USS ＿ CTRL 指令参数说明

指令格式	端口名称	数据格式	说　　明
	EN	BOOL	该位为 1 时，USS ＿ CTRL 指令被执行，通常该指令总是处于使能状态
	RUN	BOOL	该指令用于控制变频器的起停，RUN＝1、OFF2＝0、OFF3＝0 时，变频器起动；RUN＝0 时，变频器停止
	OFF2	BOOL	停车命令 2，此信号为 1 时，变频器封锁主电路输出，电动机自由停车
	OFF3	BOOL	停车命令 3，此信号为 1 时，变频器快速制动停车
	F ＿ ACK	BOOL	故障确认。当变频器发生故障后，通过状态字向 USS 主站报告；如果造成故障的原因排除，可以使用此输入端清除变频器的报警状态，即复位
	DIR	BOOL	控制变频器的运行方向，1 为正转，0 为反转
	Drive	BYTE	设定变频器的站地址
	Type	BYTE	设定变频器的类型，1 为 MM4 或 G110 变频器，0 为 MM3 或更早的产品
	Speed ＿ SP	REAL	速度设定值。速度设定值必须是一个实数，给出的数值是变频器频率范围内的百分比还是绝对频率值取决于变频器的参数设置（MM440 变频器的参数 P2009）
	Resp ＿ R	BOOL	从站应答确认信号。主站从 USS 从站收到有效的数据后，此位接通一个扫描周期，表明以下的数据都是最新的
	Error	BYTE	当变频器出现错误时该字节包含错误代码
	Status	WORD	状态字，此状态字直接来自变频器，表示了当时的变频器实际运行状态，对应 MM440 系列变频器的"Status"参数的意义如图 5-5 所示
	Speed	REAL	变频器的实际运行速度
	Run ＿ EN	BOOL	变频器的实际运行状态信号，1 为正在运转，0 为已停止
	D ＿ Dir	BOOL	变频器的运行方向信号，1 为正转，0 为反转
	Inhibit	BOOL	变频器的禁止状态信号，1 为禁止，0 为开放
	Fault	BOOL	故障指示位（0 为无故障，1 为有故障）。如果变频器处于故障状态，变频器上会显示故障代码（如果有显示装置）。要复位故障报警状态，必须先消除引起故障的原因，然后用 F ＿ ACK 或者变频器的端子或操作面板复位故障状态

指令格式框图：

USS_CTRL
EN
RUN
OFF2
OFF3
F_ACK
DIR
Drive　　Resp_R
Type　　 Error
Speed~　 Status
　　　　 Speed
　　　　 Run_EN
　　　　 D_Dir
　　　　 Inhibit
　　　　 Fault

高字节 | 低字节

| 15 | 14 | 13 | 12 | 11 | 10 | 9 | 8 | 7 | 6 | 5 | 4 | 3 | 2 | 1 | 0 |

- 1=准备启动
- 1=准备操作
- 1=操作使能
- 1=出现驱动故障
- 0=OFF2
- 0=OFF3
- 1=接通禁止位
- 1=出现驱动警告
- 1=未使用（总为1）
- 1=串行操作允许
- 0=串行操作封锁-只允许本地操作
- 1=频率到达
- 0=频率未到
- 0=警告:电机电流限定
- 0=电机制动闸激活
- 0=电机超载
- 1=电机运行方向正确
- 0=逆转器超载

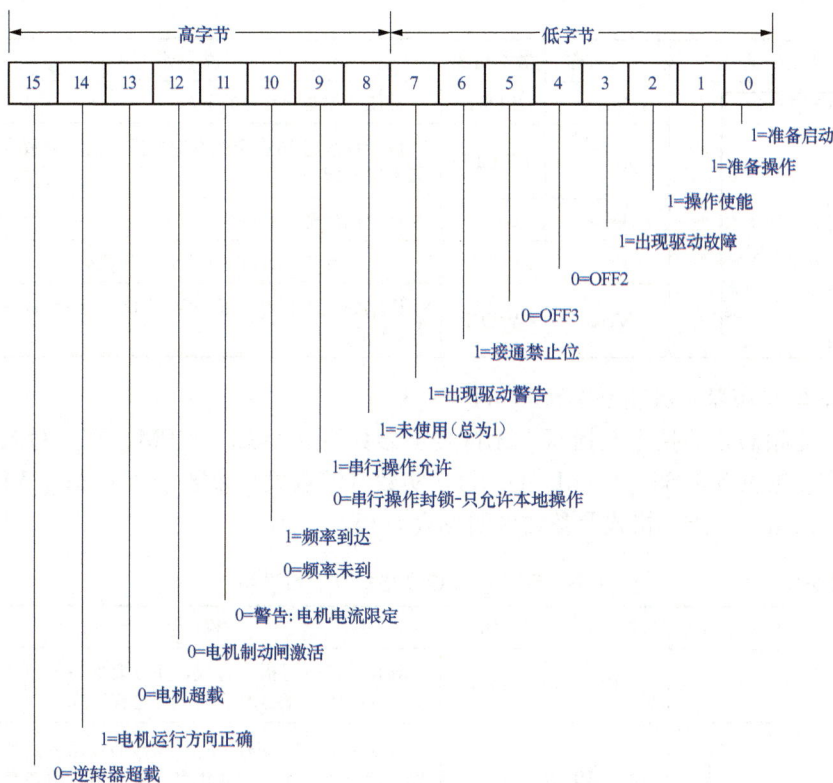

图 5-5 MM440 变频器的 "Status" 参数的意义

3. 读取变频器参数指令 USS_RPM_x

读变频器参数指令包括读取无符号字参数指令 USS_RPM_W、读取无符号双字参数指令 USS_RPM_D、读取实数（浮点数）参数指令 USS_RPM_R 共 3 条指令，指令格式及参数说明见表 5-14。

表 5-14   USS_RPM_x 指令格式及参数说明

指令格式	端口名称	数据格式	说　明
USS_RPM_W EN XMT_~ Drive　Done Param　Error Index　Value DB Ptr	EN	BOOL	该位为 1 时读取指令有效，并且要保持该位为 1 直到 Done 为 1，标志着整个参数读取过程的完成
	XMT_REQ	BOOL	发送请求。该位为 1 时读取参数的请求发送给变频器，该位通常和 EN 位共用一个信号，但该请求通常用脉冲信号
	Drive	BYTE	被读变频器的站地址
	Param	WORD	被读变频器的参数号

指令格式	端口名称	数据格式	说　明
USS_RPM_W EN XMT_~ Drive　Done Param　Error Index　Value DB Ptr	Index	WORD	被读变频器参数号的下标
	DB_Ptr	DWORD	该参数指定16字节的存储空间，用于存放向变频器发送的指令
	Done	BOOL	指令执行完成标志位
	Error	BYTE	指令执行错误时该字节包含错误代码
	Value	W/D/R	读取的变频器参数值（WORD、DWORD或REAL类型

4. 写变频器参数指令 USS_WPM_x

写变频器参数指令包括写入无符号字参数指令 USS_WPM_W、写入无符号双字参数指令 USS_WPM_D、写入实数（浮点数）参数指令 USS_WPM_R 共3条指令，指令格式及参数说明见表5-15。

表5-15　　　　USS_WPM_x指令格式及参数说明

指令格式	端口名称	数据格式	说　明
USS_WPM_W EN XMT_~ EEPR~ Drive　Done Param　Error Index Value DB Ptr	EN	BOOL	该位为1时写指令有效，并且要保持该位为1直到Done为1，标志整个参数写过程完成
	XMT_REQ	BOOL	发送请求。该位为1时写参数的请求发送给变频器，该位通常和EN位共用一个信号，但该请求通常用脉冲信号
	EEPROM	BOOL	该参数为1时写入到变频器的参数同时存储在变频器的EEPROM和ROM中，该参数为0时写入到变频器的参数只存在变频器的ROM中
	Drive	BYTE	要写入变频器的站地址
	Param	WORD	要写入变频器的参数号
	Index	WORD	要写入变频器参数号的下标
	Value	W/D/R	写入到变频器中的参数值
	DB_Ptr	DWORD	该参数指定16字节的存储空间，用于存放向变频器发送的指令代码
	Done	BOOL	指令执行完成标志位
	Error	BYTE	指令执行错误时该字节包含错误代码

5.1.3　USS通信的变频器参数设置

在将变频器连接至S7—200 PLC之前，必须确保变频器具有以下系统参数。

（1）参数复位。如果忽略该步骤，必须确保参数 P2012＝2，此值为USS的PZD长度，P2013＝127，此值为USS的PKW长度。

（2）设置参数 P0003＝3，用户访问级为专家级，使所有参数能被读/写。

（3）设置电动机铭牌参数。

P0304＝电动机额定电压。

P0305＝电动机额定电流。

P0307＝电动机额定功率。

P0308＝电动机额定功率因数。

P0310＝电动机额定频率。

P0311＝电动机额定转速。

（4）设置本地/远程控制模式。

P0700＝5，变频器通过 COM 链路的 USS 通信控制起停。

P1000＝5，变频器通过 COM 链路的 USS 通信发送频率设定值。

（5）设置斜坡上升时间、斜坡下降时间（可选）。

（6）设置 RS485 串口 USS 波特率。由参数 P2010 设定，P2010＝4（2 400bit/s）；P2010＝5（4 800bit/s）；P2010＝6（9 600bit/s）；P2010＝7（19 200bit/s）；P2010＝8（38 400bit/s）；P2010＝9（57 600bit/s）。注意，这一参数必须与 PLC 主站采用的波特率相一致。

（7）设置 USS 的规格化。由参数 P2009 设置，P2009＝0，根据参数 P2000 的基准频率进行频率设定值的规格化。P2009＝1，允许设定值以绝对十进制数的形式发送。

（8）设置变频器地址。由参数 P2011 设置，P2011＝0～31，为变频器指定一个唯一通信地址。

（9）设置串行链接超时。由参数 P2014 设置，P2014＝0～65535，即 COM Link 上的 USS 通信控制信号中断时间，单位为 ms。此通信控制信号中断，指的是接收到的对本装置有效通信报文之间的最大间隔。如果设定了超时时间，报文间隔超过此设定时间还没有接收到下一条信息，则会导致 F0072 错误，变频器将会停止运行，通信恢复后此故障才能被复位。根据 USS 网络通信速率和站数的不同，此超时值会不同。如 P2014＝0，则不进行此端口的超时检查。

（10）从 RAM 向 EEPROM 传送数据。P0971＝1，将设置参数存入 EEP-ROM。

5.1.4　USS 通信应用实例

1. 通信线连接

将 S7-200 PLC 的通信端口 port0 与 MM440 变频器的 RS485 通信端口连接，如图 5-6 所示。USS 协议占用 PLC 通信端口 0 或 1，可通过指令选择 PLC 的端口是使用 USS 协议还是 PPI 协议，选择 USS 协议后 PLC 的相应端口不能再作其他用途，包括与编程软件 SETP7-Micro/win 的通信，所以 PLC 的型号一般选择具有两个通信口的 CPU226，一个通信口用于 USS 通信，一个端口用于程序监控。

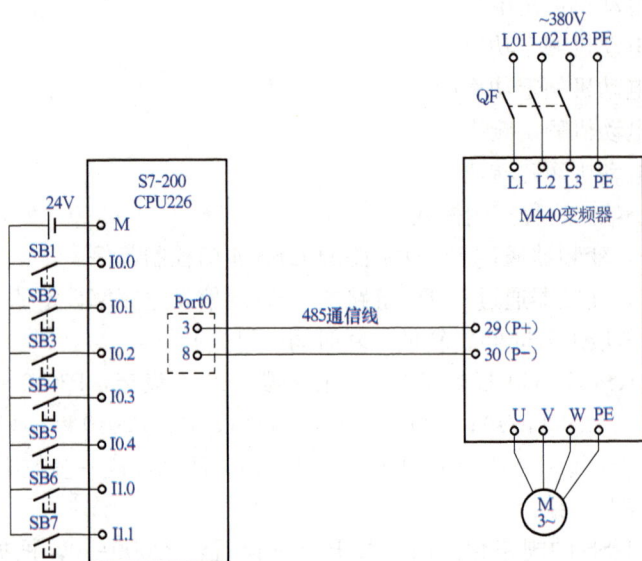

图 5-6 变频器与 PLC 通信线连接

2. USS 通信变频器参数设置

USS 通信变频器参数设置见表 5-16。

表 5-16   USS 通信变频器参数设置

步　骤	设置参数	功能说明
1	参数复位	
2	P0010＝1	调试参数过滤器为快速调试状态
3	P0100＝0	功率单位用 kW，频率默认 50Hz
4	P0304＝	电动机额定电压（V）
5	P0305＝	电动机额定电流（A）
6	P0307＝	电动机额定功率（kW）
7	P0310＝	电动机额定频率（Hz）
8	P0311＝	电动机额定转速（r/min）
9	P0700＝5	COM 链路的 USS 设置，命令源
10	P1000＝5	COM 链路的 USS 设置，频率设定值
11	＊P1080＝0	电动机最低运行频率
12	＊P1082＝50	电动机最高运行频率

步　骤	设置参数	功能说明
13	＊P1120＝10	加速时间（s）
14	＊P1121＝10	减速时间（s）
15	P3900＝1	结束快速调试，进行电动机数据计算，并且将不包括在快速调试中的其他全部参数都恢复为出厂设定值
16	P0003＝3	设定参数访问级为专家级
17	P0010＝0	调试参数过滤器，准备运行
18	P2009＝1	USS 规格化
19	P2010＝6	COM 链路的波特率（9 600bit/s）
20	P2011＝1	COM 链路的地址，变频器地址
21	P2012＝2	USS 协议的 PZD 长度
22	P2013＝127	USS 协议的 PKW 长度
23	P2014＝0	USS 报文的停止传输时间

3. PLC I/O 口分配

PLC 输入输出端（I/O 口）连接的控制开关及输出信号见表 5-17。

表 5-17　　　　　　　　　　　PLC I/O 口分配表

变　量	说　明
I0.0	起动按钮
I0.1	停车方式 2 按钮。闭合时变频器将封锁主回路输出，电动机自由停车
I0.2	停车方式 3 按钮。闭合时变频器将快速停车
I0.3	故障确认按钮。当变频器发生故障后，将通过状态字向 USS 主站报告；如果造成故障的原因排除，可以使用此输入端清除驱动装置的报警状态，即复位
I0.4	电动机运转方向控制按钮。断开时正传，闭合时反转
I1.0	读操作按钮，闭合时读变频器参数
I1.1	写操作按钮，闭合时将参数值写入变频器
Q0.0	运行状态反馈，表示变频器是运行（为 1）还是停止（为 0）
Q0.1	变频器的运转方向反馈，正传为 1，反转为 0
Q0.2	变频器禁止状态指示（0—未禁止，1—禁止状态）
Q0.3	故障指示位（0—无故障，1—有故障）

4. 分配库存储区

在用户程序中调用 USS 指令后，用鼠标点击指令树中的“程序块”→“库”图标，在弹出的快捷菜单中执行“库存储区”命令，为 USS 指令库所使用的 397个字节 V 存储区指定起始地址，如图 5-7 所示。

5. 控制程序

使用 USS 通信实现 S7-200 与 MM440 变频器之间的通信，通过 USS 指令实现 PLC 对变频器的启停控制以及读/写参数的 PLC 控制程序如图 5-8 所示。

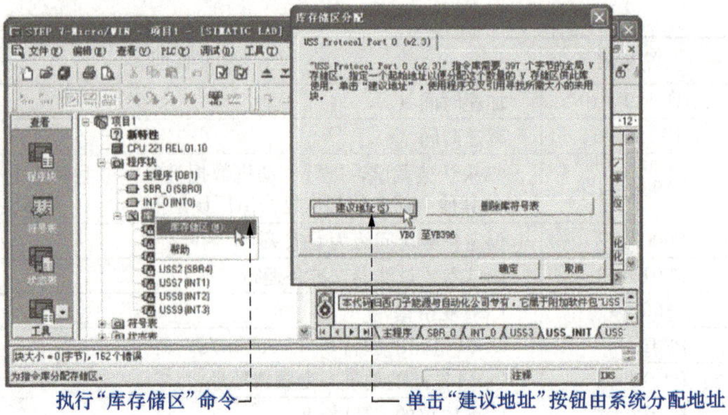

执行"库存储区"命令—　　　　　　　　　—单击"建议地址"按钮由系统分配地址

图 5-7　指定库存储区地址

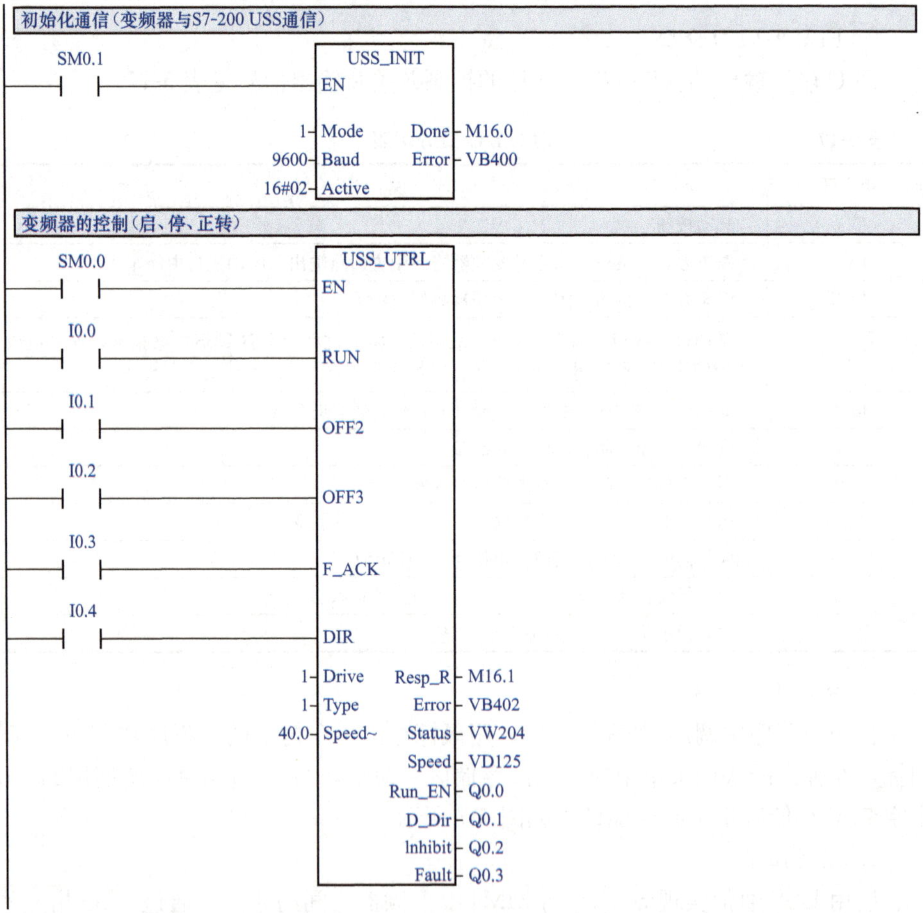

图 5-8　USS 通信控制程序（一）

Network 3

读取变频器的参数（频率实际输出值Hz）

```
    I1.0                              ┌─────────────┐
 ───┤ ├───────────────────────────── │ USS_RPM_R   │
                                      │ EN          │
    I1.0                              │             │
 ───┤ ├──────────┤ P ├────────────────│ XMT_~       │
                                      │             │
                                   1─ │Drive  Done│ ─M16.7
                                  24─ │Param  Error│ ─VB585
                                   0─ │Index  Value│ ─VD120
                              &VB750─ │DB Ptr       │
                                      └─────────────┘
```

Network 4

设置变频器P2240参数值得为30Hz

```
    I1.1                              ┌─────────────┐
 ───┤ ├───────────────────────────── │ USS_RPM_W   │
                                      │ EN          │
    I1.1                              │             │
 ───┤ ├──────────┤ P ├────────────────│ XMT_~       │
                                   1─ │Drive  Done│ ─M16.8
                                2240─ │Param  Error│ ─VB590
                                   0─ │Index        │
                                  30─ │Value        │
                              &VB760─ │DB Ptr       │
                                      └─────────────┘
```

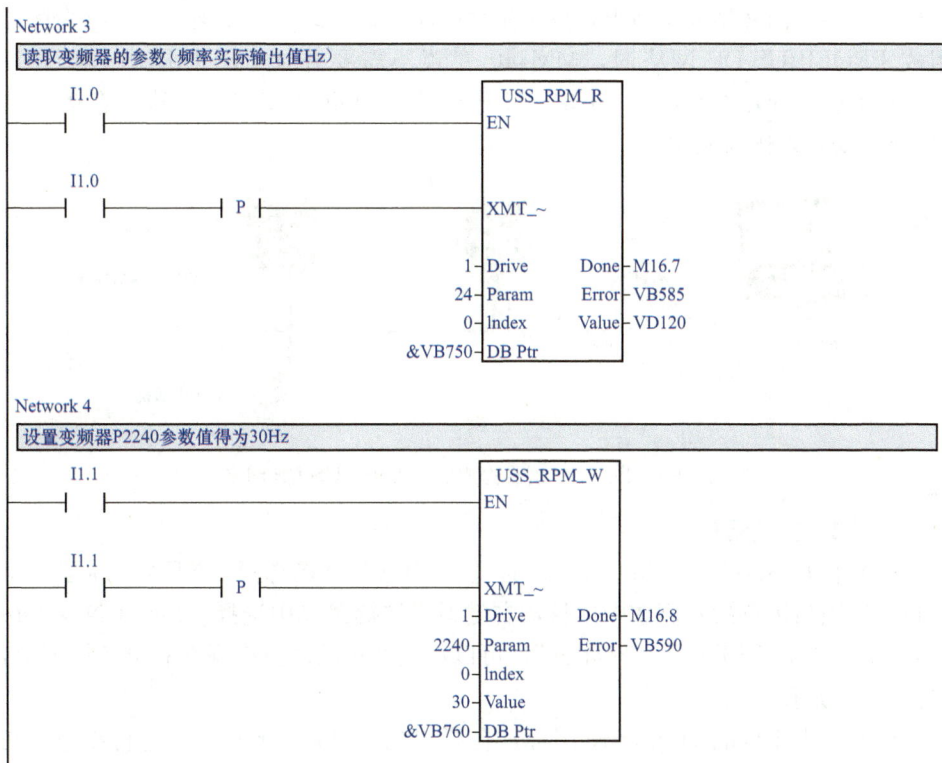

图 5-8　USS 通信控制程序（二）

5.2　PROFIBUS 通信

5.2.1　PROFIBUS 通信协议

PROFIBUS 是一种开放的、应用较为广泛的现场总线，是针对一般工业环境下的应用而设计和开发的，它满足了工业过程数据可存取性的重要要求，是国际标准 IEC61158 的重要组成部分。

PROFIBUS 提供了 PROFIBUS-DP、PROFIBUS-FMS 和 PROFIBUS-PA 三种通信类型。其中 PROFIBUS-DP 是为满足自动化工厂中分散 I/O 和现场设备之间所需要的高速数据通信的需求而设计的，采用 RS485 传输技术，传输介质可以采用屏蔽双绞线和光纤。使用屏蔽双绞线的传输速率从 9.6～12kbit/s，随着通信速率的增加，传输距离也相应地从 1200m 降为 100m。

PROFIBUS-DP 通信网络为单主站结构，主站与从站之间的通信基于主-从原理，即主站向从站发出请求，按照站号顺序轮询从站。PLC 与 MM440 变频器组成 PROFIBUS-DP 网络时，MM440 变频器需要外加 PROFIBUS 模板，如图 5-9 所示，选用 S7-300 CPU315-2DP 作为 PROFIBUS-DP 主站，连接一台 MM440 变频器作为从站。

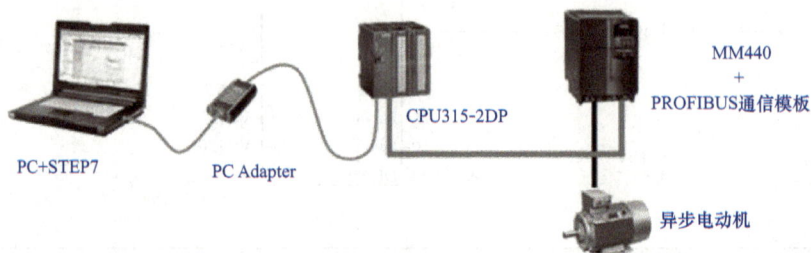

图 5-9　PLC 与变频器构成的 PROFIBUS-DP 网络

5.2.2　主站组态

（1）打开 SIMATIC Manager，通过"FILE"菜单选择"NEW"新建一个项目，在项目屏幕的左侧选中项目，右键弹出快捷菜单中选择"Insert New Object"插入"SIMATIC 300 Station"，可以看到选择的对象出现在右侧的屏幕上，如图 5-10 所示。

（2）双击生成的 Hardware 图标，在弹出的"HW config"中进行组态，在菜单栏中选择"View"，选择"Catalog"打开硬件目录，按订货号和硬件安装次序依次插入机架、电源、CPU，如图 5-11 所示。

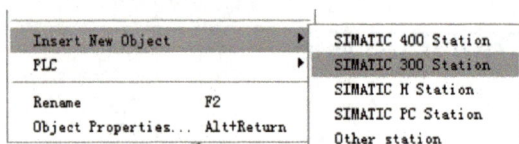

图 5-10　建立新项目

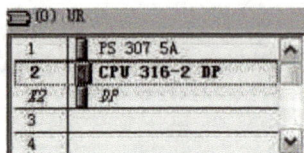

图 5-11　主站硬件组态

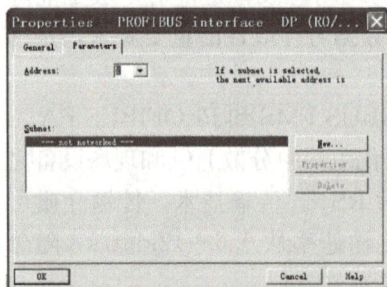

图 5-12　组态 PROFIBUS 网络

（3）在插入 CPU 同时会弹出组态 PROFIBUS 画面，选择新建一条 DP 网络，如图 5-12 所示。

（4）选择"NEW"新建一条 PROFIBUS（1），组态 PROFIBUS 主站地址，设主站地址，如图 5-13 所示。

（5）点击"Properties"组态网络属性，如图 5-14 所示。

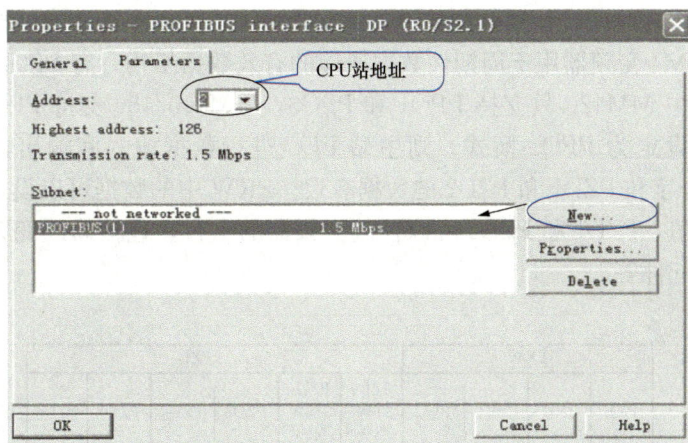

图 5-13　设置主站地址

（6）在"Operating Mode"一栏中，将其设为DP master模式，如图5-15所示。

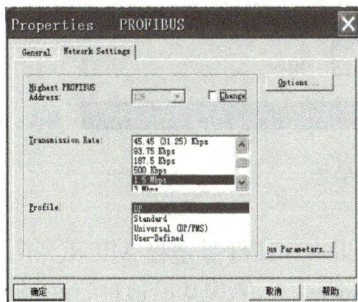

图 5-14　设置网络属性

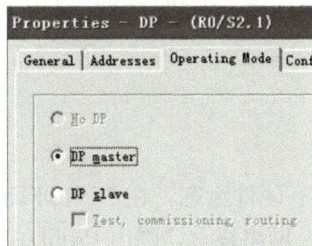

图 5-15　设置主站模式

（7）上述步骤完成后，生成结果如图5-16所示。

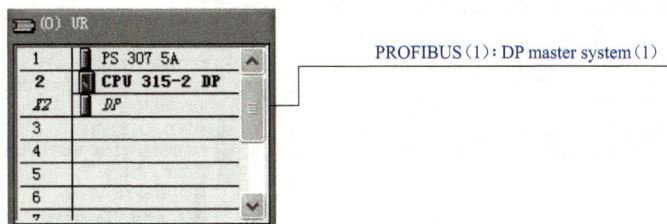

图 5-16　主站组态结果

5.2.3　从站组态

在DP网上挂上MM440变频器，并组态MM440的通信区。通信区与应用

有关，在组态之前应确认通信的数据格式的类型（PPO）。PPO 的结构如图 5-17
所示，是 MM4 变频器用于周期性数据通信的有效数据结构，有 PP01～PPO4 四
种模式。其中 MM420 只支持 PPO1 和 PPO3，MM440/430 支持 PP01～PPO4。
本例中主站设定为 PPO1 模式，则主站 PLC 进行数据输入和输出，并且只有
PKW 的 4 个字和 PZD1 和 PZD2 的数据有效。PKW 中的数据可以设定和读取变
频器的参数值，PZD1 和 PZD2 可以控制变频器的运行，包括修改变频器的运行
输出频率、起停等。

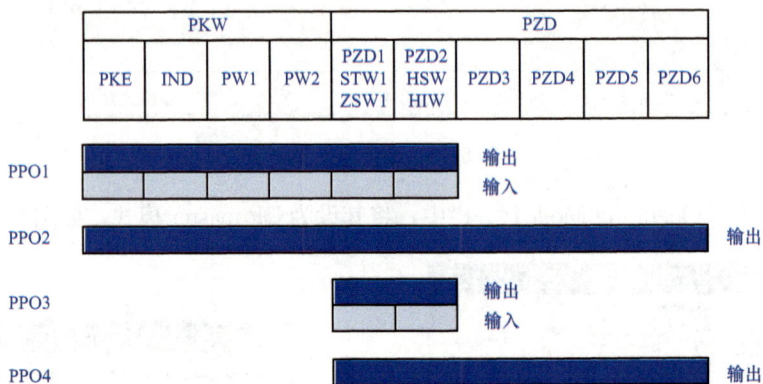

图 5-17　PPO 结构

打开硬件组态，在"PROFIBUS DP"，"SIMOVERT"选择 MICROMASTER4
拖到 DP 网络线上，弹出 Profibus interface Properties，输入从站地址，选择 PPO 类
型 1，双击 4PKW/2PZD，如图 5-18 所示。从站组态完成，4PKW/2PZD 的地址分
配为 256～263、264～267，如图 5-19 所示。

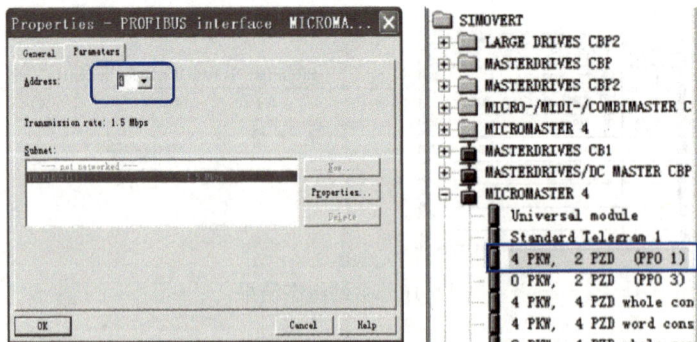

图 5-18　MM440 组态

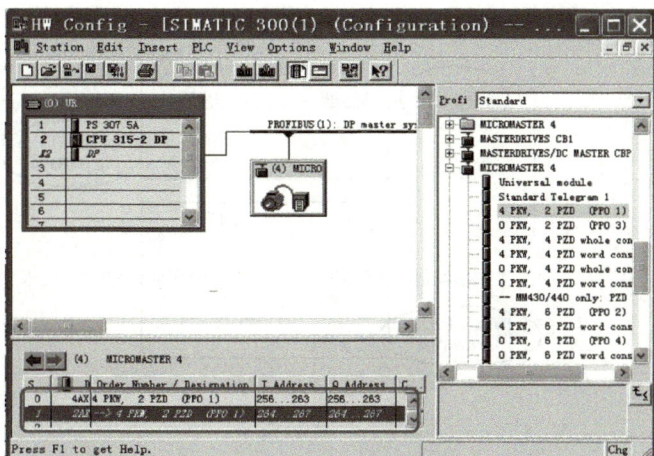

图 5-19　4PKW/2PZD 地址分配

5.2.4　STEP 编程

（1）建立数据块。对每台变频器，首先建立各自相应的数据块，便于数据管理和监视。数据块中的数据地址要与从站 MM440 中的 PKW、PZD 数据区相对应，如图 5-20 所示。

（2）通过修改数据块中的控制字和设定值，用 SFC15（"DPWR_DAT"）功能将其传送到变频器中，同时用 SFC14（"DPRD_DAT"）功能将变频

地址	名称	类型	初始值	
0.0		STRUCT		
+0.0	PKE_R	WORD	W#16#0	
+2.0	IND_R	WORD	W#16#0	
+4.0	PKE1_R	WORD	W#16#0	
+6.0	PKE2_R	WORD	W#16#0	
+8.0	PZD1_R	WORD	W#16#0	
+10.0	PZD2_R	WORD	W#16#0	
+12.0	PKE_W	WORD	W#16#0	
+14.0	IND_W	WORD	W#16#0	
+16.0	PKE1_W	WORD	W#16#0	
+18.0	PKE2_W	WORD	W#16#0	
+20.0	PZD1_W	WORD	W#16#0	
+22.0	PZD2_W	WORD	W#16#0	
=24.0		END_STRUCT		

图 5-20　读入变频器的状态
字和实际值（DB1）

器的状态字和实际值读入存放到数据块中，如图 5-21 所示。其中各指令的功能如下。

LADDR：硬件组态时 PZD 的起始地址，W＃16＃108（即 264）是硬件组态时 PZD 的起始地址。

RECORD：数据块中定义的 PZD 数据区相对应的数据地址。SF14 中，将从站数据读入 DB1.DBX8.0 开始的 4 个字节（P＃DB1.DBX8.0 BYTE 4），PZD1→DB1.DBW8（状态字），PZD2→DB1.DBW10（实际速度）。SF15 中，将 DB1.DBX20.0 开始的 4 个字节写入从站（P＃DB1.DBX20.0 BYTE 4）DB1.DBW20→PZD1（控制字）DB1.DBW22→PZD2（给定速度）。

RET_VAL：程序块的状态字，可以用编码的形式反映出程序执行的状态和错误信息。

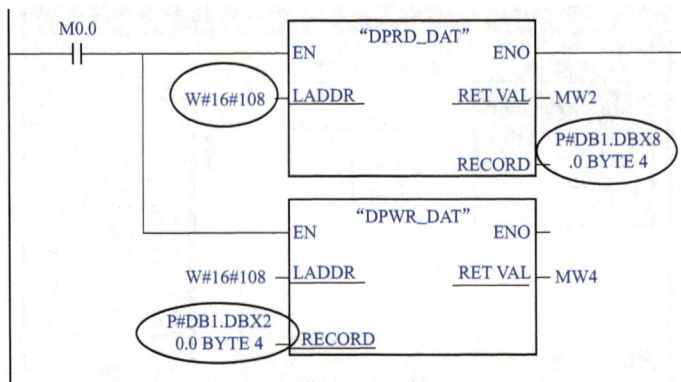

图 5-21　PZD 指令

（3）变频器的起停控制。设定控制字 STW（表 5-9），第 10 位为 1（由 PLC 控制），第 7 位为 0（故障确认），第 0 位为 0（变频器停止），则当控制字变为 047F 时，变频器运行，当控制字变为 047E 时，变频器停止，控制指令如图 5-22 所示。

5.2.5　PROFIBUS 通信的变频器参数设置

1. 通信地址

PROFIBUS 的通信地址由通信模块上的二进制编码开关设定，如图 5-23 所示，或由变频器参数 P0918 设定。其中 DIP 开关优先，PROFIBUS 模板上的 DIP 开关为 0，则 P0918 设定的地址有效，若 DIP 开关不为 0，则 DIP 开关有效。PROFIBUS 可以设定的地址为 1～125，不允许设定为 0、126、127。

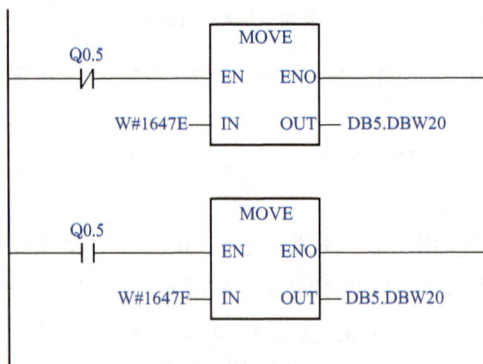

图 5-22　变频器起停控制

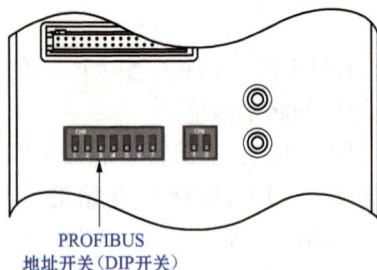

图 5-23　通信模块上的 DIP 地址开关

2. 变频器 PROFIBUS 通信参数设置

变频器通过 PROFIBUS 通信时，参数设置见表 5-18。

表 5-18　　　　　　　　　　　PROFIBUS 通信变频器参数设置表

步　骤	设置参数	功能说明
1	参数复位	
2	P0010＝1	调试参数过滤器为快速调试状态
3	P0100＝0	功率单位用 kW，频率默认 50Hz
4	P0304＝	电动机额定电压（V）
5	P0305＝	电动机额定电流（A）
6	P0307＝	电动机额定功率（kW）
7	P0310＝	电动机额定频率（Hz）
8	P0311＝	电动机额定转速（r/min）
9	P0700＝6	COM 链路上的通讯板设置，命令源
10	P1000＝6	COM 链路上的通讯板设置，频率设定值
11	＊P1080＝0	电动机最低运行频率
12	＊P1082＝50	电动机最高运行频率
13	＊P1120＝10	加速时间（s）
14	＊P1121＝10	减速时间（s）
15	P3900＝1	结束快速调试，进行电动机数据计算，并且将不包括在快速调试中的其他全部参数都恢复为出厂设定值
16	P0003＝3	设定参数访问级为专家级
17	P0010＝0	调试参数过滤器，准备运行
18	P0918＝1～125	变频器地址

第 **6** 章

变频器的选择与安装

变频器的正确选择对控制系统的正常运行是非常关键的。选择变频器时要依据变频器所驱动的负载特性、控制性能的要求、电动机的铭牌参数、控制方式、应用环境等要求，对变频器的类型、容量及外围部件进行选择。

6.1 变频器类型选择

变频器的类型选择要根据负载的特性、调速范围、静态精度、起动转矩等要求，选择相应类型的变频器以满足使用要求。

机械负载根据其转速-转矩特性可分为二次方律负载、恒转矩负载和恒功率负载 3 种类型。

1. 二次方律负载

二次方律负载，如风机、水泵等。负载转矩大致与速度的二次方成正比，负载功率与速度的三次方成正比，负载特性曲线如图 6-1 所示。这正好符合通用变频器驱动异步电动机在低速时输出转矩下降的特点，且对转速精度要求不高。因此，二次方律负载可选择价廉的普通功能型 U/f 控制变频器。此类负载以超过基频运行时，负载所需功率随转速的提高而急剧增加，极易超出电动机和变频器的容量，所以应避免这类负载超过工频运行。

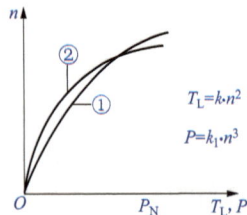

图 6-1 二次方律负载
特性曲线
①—转矩；②—功率

2. 恒转矩负载

恒转矩负载，如挤压机、搅拌机、传送带、起重机等，输出转矩基本上与速度无关，任何速度下的转矩基本上是恒定的，但负载功率随转速成比例变化，负载特性曲线如图 6-2 所示。这类负载要求有足够的低频转矩提升能力和短时过载能力，在转速精度及动态性能方面要求不高或有较高静态转速要求。一般通用变频器低频运行时转矩都较低，为了提升低频转矩而使补偿电压过高，又会出现过电流现象。所以恒转矩负载如果选用通用变频器驱动，只有把通用变频器的容量提高一挡，同时加大电动机的功率来提高低速转矩，或者选用具有转矩控制功能的矢量控制变频器、直接转矩控制变频器来实现恒转矩负载的调速运行。

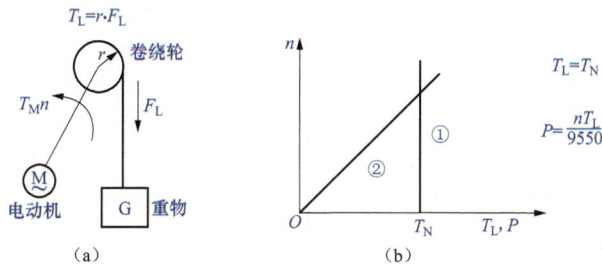

图 6-2　恒转矩负载特性曲线
（a）恒转矩负载；（b）负载特性曲线
①—转矩；②—功率

恒转矩负载如采用变频器驱动普通异步电动机，由于变频器输出含有高次谐波，电动机的温升会增高。此外，恒转矩负载下，电动机转速变化时，电流也保持基本不变，在低速运行时电动机冷却风扇转速也随着降低，也会造成电动机的冷却效果变差，发生过热现象。因此，恒转矩负载的电动机尽量选用变频器专用电动机。选用普通电动机时，应增大一挡电动机容量，并加装专用冷却风扇。

3. 恒功率负载

恒功率负载的功率保持恒定，转矩与速度成反比，负载特性曲线如图 6-3 所示。轧钢机、造纸机、机床主轴等负载都属于恒功率转矩负载。在基频以上调速时，采用通用变频器驱动普通异步电动机能满足像机床主轴那样高转速时转矩变小的特性。在基频以下调速时，由于电动机的输出功率与转速成正比，电动机转矩与负载所需转矩相反。所以，对低速时要求有较硬的机械特性，并要求有一定调速精度，在动态方面无较高要求的负载，可选用不带速度反馈的矢量控制变频器。对动态性能和控制精度都有较高要求，以及要求高精度同步运行的负载，可选用带速度反馈的矢量控制变频器。

表 6-1 列举出常见设备的负载特性和负载转矩特性，供选择变频器类型时参考。

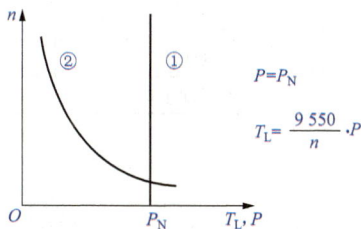

图 6-3　恒功率负载特性曲线
①—功率；②—转矩

表 6-1   **常见设备的负载特性和负载转矩特性**

应 用		负载特性				负载转矩特性			
		摩擦性负载	重力负载	液体负载	惯性负载	恒转矩	恒功率	降转矩	降功率
液体	风机、泵类			✓				✓	
	压缩机			✓		✓			
	齿轮泵	✓				✓			
金属加工机床	压榨机				✓	✓			
	卷板机、拔丝机	✓				✓			
	离心式铸造机				✓				
	机械化供应装置	✓				✓			
	自动车床	✓							✓
	转塔车床					✓			
	车床及加工装心						✓		✓
	磨床、钻床	✓				✓			
	刨床	✓					✓		✓
电梯	电梯高低速、自动停车装置		✓						
	电梯门	✓							
输送	传送带	✓				✓			
	门式提升机					✓			
	起重机、升降机机械		✓			✓		✓	
	起重机、升降机平移旋转	✓				✓			
	运载机				✓	✓			
	自动仓库上下		✓			✓			
	造料器、自动仓库输送	✓				✓			
普通	搅拌器			✓		✓			
	农用机械、挤压机					✓			
	分离机，离心式分离机				✓	✓			
	印刷机、食品加工机械					✓			
	商业清洗机				✓				✓
	吹风机							✓	
	木材加工机	✓				✓			✓

6.2   变频器容量选择

变频器容量的确定是选择变频器的关键，要考虑变频器容量与电动机容量的匹配。容量偏小会影响电动机有效力矩的输出,影响系统的正常运行,甚至损坏变频器,而容量偏大则电流的谐波分量会增大,也增加了设备投资。容量选择最主要的是以电动机的额定功率和电动机的工作状态作为依据,变频器必须同时满足以下 3 个条件。

$$P_{ON} \geqslant \frac{kP_N}{\eta\cos\varphi} \tag{6-1}$$

$$I_{ON} \geqslant kI_N \tag{6-2}$$

$$P_{ON} \geqslant \sqrt{3}kU_NI_N \times 10^{-3} \tag{6-3}$$

式中　P_{ON}——变频器的额定功率,单位为 kW;

$\quad\quad I_{ON}$——变频器输出额定电流,单位为 A;

$\quad\quad I_N$——电动机的额定电流,单位为 A;

$\quad\quad P_N$——电动机的输出功率,单位为 kW;

$\quad\quad I_N$——电动机额定电流,单位为 A;

$\quad\quad U_N$——电动机的额定电压,单位为 V;

$\quad\quad k$——电流波形修正系数,PWM 方式时,$k=1.0\sim1.05$;

$\quad\quad \eta$——电动机的效率,取 0.85;

$\quad\cos\varphi$——电动机的功率因数,取 0.75。

当电动机的容量、额定电压选定后,选择变频器容量选择则主要是核算变频器的输出电流 I_{ON}。

1. 连续运行场合

连续运行指负载不频繁加减速而连续运行的场合。这种运行场合可以选择变频器的额定电流等于电动机的额定电流,但考虑到变频器的输出含有大量的谐波,会使电动机的功率因数和效率变低。使用变频器给电动机供电与使用工频电源相比,电动机电流会增加 10% 左右,温升也会增加 20% 左右。所以选择容量时适当留有余地,一般按下式选择

$$I_{ON} \geqslant (1.05\sim1.1)I_N \tag{6-4}$$

$$或\ I_{ON} \geqslant (1.05\sim1.1)I_{max} \tag{6-5}$$

式中　I_{ON}——变频器输出额定电流,单位为 A;

$\quad\quad I_N$——电动机额定电流,单位为 A;

$\quad\quad I_{max}$——电动机实测最大工作电流,单位为 A。

2. 周期性负载连续运行时的场合

很多情况下电动机的负载具有周期性变化的特点。按最小负载选择变频器容量,会出现过载,按最大负载选择又不经济。此情况下选择变频器容量首先要作

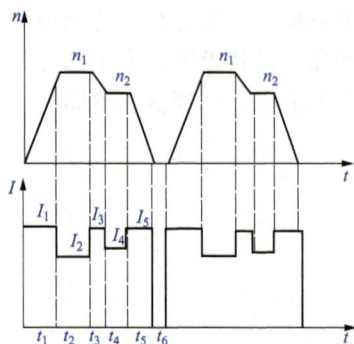

图 6-4　电动机运行曲线图

出负载电流图，如电动机运行时的负载电流曲线如图 6-4 所示，那么变频器的输出电流可根据加速、恒速、减速等各种运行状态下的电流值和运行时间按下式计算

$$I_{ON} = \frac{I_1 t_1 + I_2 t_2 + I_3 t_3}{t_1 + t_2 + t_3} k_0 \qquad (6\text{-}6)$$

式中　I_{ON}——变频器输出额定电流，单位为 A；

I_1、I_2、I_3——各运行状态下平均电流，单位为 A；

t_1、t_2、t_3——各运行状态下运行时间，单位为 s；

k_0——安全系数（加减速频繁时取 1.2，一般取 1.1）。

3. 电流变化不规则的场合

不均匀负载或冲击负载，会造成电动机电流不规则变化。选择变频器时其额定电流 I_{ON} 应大于电动机工作时的最大转矩电流 I_{max}。

4. 电动机直接起动的场合

三相交流异步电动机直接起动时，起动电流是额定电流的 4～7 倍，因此变频器一般都是从 0 到几 Hz 开始起动。如果有些场合需要直接起动，则变频器的容量就要增加，可按下式计算

$$I_{ON} \geqslant I_K / K_g \qquad (6\text{-}7)$$

式中　I_K——电动机在额定工频电压下的起动电流，A；

K_g——变频器的允许过载倍数，$K_g = 1.3 \sim 1.5$。

5. 多台电动机共用一台变频器供电

多台电动机共用一台变频器进行驱动，除了以上 1～4 点需要考虑之外，还要考虑多台电动机是否同时软起动（即同时从 0Hz 开始起动），是否有个别电动机需要直接起动等。综合以上因素，变频器的容量可按下式进行计算

$$I_{ON} \geqslant [a_2 I_K + (a_1 - a_2) I_N] / K_g \qquad (6\text{-}8)$$

式中　I_{ON}——变频器输出额定电流，A；

I_N——电动机额定电流，A；

I_K——电动机在额定工频电压下的起动电流，A；

K_g——变频器的允许过载倍数，$K_g = 1.3 \sim 1.5$；

a_1——电动机总台数；

a_2——直接起动的电动机台数。

选择出变频器输出额定电流 I_{ON}，再根据输出电压 U_{ON}（虽然变频器的输出电压要随频率而变，它的输出最大电压，总是和输入电压相等），就可计算出变频器的额定容量 S_{ON}。

6.3 变频器外围部件选择

变频器外围部件是用于保证变频器正常工作的，外围部件对电动机和变频器进行保护，以减少变频器对其他设备的影响。图 6-5 为考虑了各种因素后变频器的电气连接图，变频器的外围部件包括断路器、接触器、输入输出交流电抗器、直流电抗器、滤波器、制动电阻和导线等。

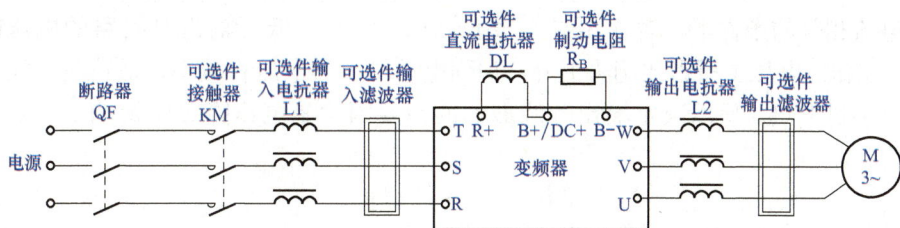

图 6-5 变频器电气连接图

6.3.1 断路器的选择

断路器在电路中的作用是断开、闭合变频器电源电路，并具有短路、过载、过电流、欠电压等保护功能。在选择断路器时，其动作特性应符合变频器电流特性匹配的需要，避免因变频器接入电源时产生的浪涌而误动作，应使用产品说明书上所推荐的断路器等级。一般情况下，断路器额定电流的选择应为变频器额定电流的 $1.3 \sim 1.4$ 倍。

当断路器采用漏电保护器（RCD）时，由于变频器输入/输出引线和电动机内部均存在分布电容，并且变频器使用的载波频率越高，变频器对地的漏电流越大，有时会导致保护电路的误动作。因此漏电保护器要采用 B 型 RCD，动作电流 300mA，且每只 RCD 只为一台变频器供电。

6.3.2 接触器的选择

接触器在变频器电路中不是必需的。但如果该变频器是与其他电气设备集中在一起且被有条件、有选择地使用或需要远距离控制时，则在电源侧加上一个接触器会增加系统的安全性。即当不该让变频器主回路带电时，可借助接触器断开变频器与电源隔离，当条件具备需让变频器投入运行时，可通过控制按钮让接触器闭合，接通变频器电源。但要注意的是，当变频器因故障跳闸，在接触器断开后，该变频器的控制电源也失电，这样变频器就无法保持故障报警信号，为此变频器一般都有一个辅助电源端不经接触器与电源相接。采用接触器时，其额定电流的选择应为变频器额定电流的 1.1 倍。

6.3.3 导线截面的选择

1. 电源进线截面选择

变频器电源进线截面选择与同容量的普通电动机选择方法相同，按变频器的容量选择即可。因输入侧功率因数较低，应本着宜大不宜小的原则选择导线截面。

2. 输出线截面选择

变频器输出线截面选择，因变频器工作时频率下降，输出电压也下降。在输出电流相等的条件下，若输出导线较长（$l > 20\text{m}$），低压输出时线路的电压降 ΔU 在输出电压中所占比例将上升，加到电动机上的电压将减小，低速时可能引起电动机发热。所以决定输出导线截面的主要因素是电压降 ΔU 影响，一般要求为

$$\Delta U \leqslant (2 \sim 3)\% U_X \tag{6-9}$$

ΔU 的计算式为

$$\Delta U = \frac{\sqrt{3} I_N R_0 l}{1\,000} \tag{6-10}$$

式中　U_X——电动机的最高工作电压，V；

　　　I_N——电动机的额定电流，A；

　　　R_0——单位长度导线电阻，mΩ/m，常用导线（铜）单位长度电阻值见表 6-2；

　　　l——导线长度，m。

表 6-2　　　　　　　　　　　　铜导线单位长度电阻值

截面积（mm²）	1.0	1.5	2.5	4.0	6.0	10.0	16.0	25.0	35.0
R_0（mΩ/m）	17.8	11.9	6.92	4.40	2.92	1.74	1.10	0.69	0.49

例如，已知三相交流异步电动机铭牌数据为 $P_N = 30\text{kW}$，$U_N = 380\text{V}$，$I_N = 57.6\text{A}$，$f_N = 50\text{Hz}$，$n_N = 1\,460\text{r/min}$。变频器与电动机之间距离 30m，最高工作频率为 40Hz。要求变频器在工作频段范围内线路电压降不超过 2%，选择变频器输出导线截面。选择过程如下

已知 $U_N = 380\text{V}$，则 $U_X = 380 \times (40/50) = 304$（V）

$$\Delta U = 304 \times 2\% = 6.08(\text{V})$$

取 $\Delta U = 6.08\text{V}$，将各参数代入式（6-10）

$$6.08 = \frac{\sqrt{3} \times 57.6 \times R_0 \times 30}{1\ 000}$$

得 $R_0 = 2.03$。

查表 6-2，应选截面积为 10.0mm^2 的导线。

若变频器与电动机之间的导线不是很长时，其导线截面可根据电动机的容量，按发热条件来选取。表 6-3 是变频器导线截面选择一览表。

表 6-3　　　　　　　　　　　　变频器导线截面选择一览表

额定电压（V）	变频器适配电动机功率（kW）	推荐导线截面（mm²）	变频器适配电动机功率（kW）	推荐导线截面（mm²）
220V	0.2	3.5	1.5	3.5
	0.4		2.2	
	0.75		3.7	
380	0.4	3.5	30	22
	0.75		37	38
	1.5		45	
	2.2		55	60
	3.7		75	38×2
	5.5		90	
	7.5		110	
	11	4.5	132	60×2
	15	8	160	100×2
	18.5	14	200	150×2
	22		220	
			280	250×2

3. 控制电路导线截面选择

控制电路流过的电流很小，一般不进行线径计算。考虑到导线的强度和连接要求，一般选用 0.75mm^2 及以下的屏蔽线或绞合在一起的聚乙烯线。接触器、按钮开关等强电控制电路导线截面可选取 1mm^2 的多芯聚乙烯铜导线。

6.3.4　制动电阻的选择

制动电阻用于吸收电动机再生制动时的再生电能，可以缩短大惯性负载的自由停车时间，还可以在位能负载下放时，实现再生运行。

MM440 变频器 75kW 以下（含 75kW）容量的变频器机型已内置了制动单

第**6**章

变频器的选择与安装

135

元，只需外配制动电阻即可实现能耗制动，90kW 以上 MM440 变频器需外接制动单元后方可接制动电阻。表 6-4 是 MM440 变频器制动电阻推荐配置值，以5％的工作停止周期选配。如果实际工作周期大于5％，需要将功率加大，电阻值不变，确保制动电阻不被烧毁。

表 6-4   **MM440 变频器制动电阻推荐配置值**

变频器功率（kW）	变频器的外形尺寸编号	变频器的额定电压（V）	制动电阻值（Ω）	制动电阻功率（W）
0.12~0.75	A	230	180	50
1.1~2.2	B	230	68	120
3	C	230	39	250
4、5.5	C	230	27	300
7.5、11、15	D	230	10	800
18.5、22	E	230	7	1 200
30、37、45	F	230	3	2 500
2.2、3、4	B	380	160	200
5.5、7.5、11	C	380	56	650
15、18.5、22	D	380	27	1 200
30、37	E	380	15	2 200
45、55、75	F	380	8	4 000
5.5、7.5、11	C	575	82	650
15、18.5、22	D	575	39	1 300
30、37	E	575	27	1 900
45、55、75	F	575	12	4 200

制动电阻内装有热敏开关，当制动电阻过热时，热敏开关闭合，可用此信号断开主电路，实现制动电阻的过热保护。

制动电阻也可按下面的理论计算进行选择。

（1）制动转矩的计算

$$T_B = \frac{(GD_M^2 + GD_L^2)(n_1 - n_2)}{375t_s} - T_L \tag{6-11}$$

式中 T_B——制动转矩，Nm；

     GD_M^2——电动机的飞轮转矩，Nm²；

     GD_L^2——负载折算到电动机轴上的飞轮转矩，Nm²；

   n_1、n_2——减速前、后的速度，r/min；

       t_s——减速时间；

T_L——负载转矩。

（2）制动电阻阻值计算。在外接制动电阻进行制动的情况下，制动电阻应能在电动机再生发电状态吸收负载位能所转变电能的 80%，其余 20% 可通过电动机以热耗散的形式被消耗，此时制动电阻值

$$R_{BO} = \frac{U_c^2}{1.047(T_B - 0.2T_M)n_1}(\Omega) \tag{6-12}$$

式中　U_c——变流器直流回路直流电压，V；对输入电压为 220V 的三相变频器取 380V，对输入电压为 400V 的三相变频器取 760V。

　　　T_M——电动机的额定转矩，Nm。

由制动功率管和制动电阻构成的制动回路中，其最大制动电流受制动功率管的最大允许电流 I_c（按制动电流的两倍考虑）的限制。制动电阻的最小允许值为 R_{min}

$$R_{min} = 2U_c/I_c$$

式中　U_c——变流器直流回路直流电压，V；

　　　I_c——制动功率管的最大允许电流，A。

因此，选用的直流电阻 R_B 应满足

$$R_{min} < R_B < R_{BO} \tag{6-13}$$

（3）制动电阻平均消耗功率计算。制动中，制动电阻吸收负载位能所转变电能的 80%，电动机自身消耗 20% 额定制动功率，则制动电阻上消耗的平均功率

$$P_{ro} = 1.047(T_B - 0.2T_M)\frac{n_1 + n_2}{2} \times 10^{-3}(kW) \tag{6-14}$$

（4）制动电阻额定功率的计算。电动机的减速模式不同时，制动电阻的额定功率选择是不同的。制动电阻额定功率

$$P_r = \frac{P_{ro}}{m}(kW) \tag{6-15}$$

式中　m——修正系数，与制动周期有关。

重复制动时，修正系数 m 与制动电阻使用率 D（$D = t_s/T$，t_s 为制动时间，T 为重复制动周期）关系如图 6-6（a）所示，不重复制动时，修正系数 m 与制动时间 t_s 关系如图 6-6（b）所示。

根据式（6-13）、式（6-15）计算结果，就可选择合乎要求的标准电阻。

6.3.5　电抗器的选择

电抗器根据其使用目的分为输入电抗器、输出电抗器和直流电抗器。

1. 输入电抗器

输入电抗器安装在电源与变频器之间，其主要作用是实现变频器与电源的匹配，改善功率因数，减少变频器整流电路的高次谐波产生的不良影响，同时也可

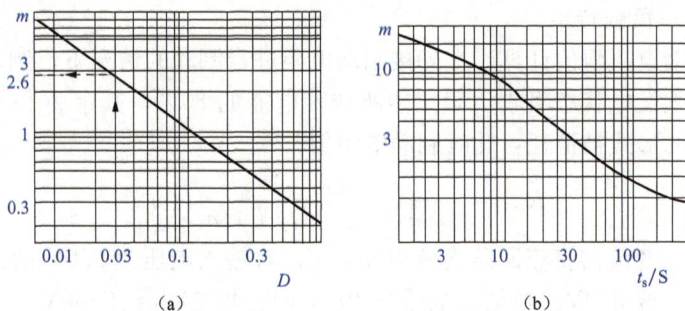

图 6-6　制动电阻计算用图

（a）修正系数 m 与制动电阻使用率 D 关系；（b）修正系数 m 与减速时间 t_s 关系

增加电源阻抗，并吸收附近设备投入工作时产生的浪涌电压和主电源的尖峰。在下列情况下，因变频器与电源不匹配，会使变频器输入电流的峰值显著增加并对变频器内部电路产生不良影响，应设置交流输入电抗器。

（1）变频器所用电源变压器的容量超过 500kVA，并且为变频器容量的 10 倍以上。

（2）同一电源上接有整流负载或带有开关控制的功率因数补偿装置。

（3）三相电源的电压不平衡度≥3％时。

（4）需要改善输入侧的功率因数，接入交流输入电抗器后功率因数可增加到 0.8～0.85。

2. 输出电抗器

交流输出电抗器的主要作用是为了降低变频器输出电路上存在的谐波产生的不良影响。谐波可使电动机产生电磁噪声和金属噪声。接入电抗器，可以将噪声由 70～80dB 降低至 5dB 左右。谐波可使阻抗比标准电动机小的电动机，在运行时可能出现过流、变频器限流动作，以至于出现得不到足够的转矩、效率降低及电动机出现过热现象。接入电抗器，可减小这些不良影响。

变频器与电动机之间的距离，20m 以内为近距离，可以直接与变频器连接。20m 到 100m 为中距离，需要调整变频器的载波频率来减少谐波干扰。而对距离超过 100m 以上，不但要适度降低载波频率，还要加装交流输出电抗器。

电抗器的容量，一般按下式计算：

$$L = \frac{(2\% - 5\%)U_{ON}}{\pi f I_{ON}} (\mu H) \tag{6-16}$$

式中　U_{ON}——变频器输入电源额定电压，V；

　　　I_{ON}——变频器的额定电流，A；

　　　f——变频器输出最高频率，Hz。

表 6-5 给出了 MM4 系列变频器适配的三相进线电抗器与三相输出电抗器表。

表 6-5　　MM4 系列变频器适配的三相进线电抗器与三相输出电抗器

电源电压 (V)	电动机功率 (kW) CT恒转矩	VT变转矩	变频器型号	输入电流 (A)	输出电流 (A)	三相进线电抗器 电流 (A)	型号	三相输出电抗器 电流 (A)	型号
3AC 380 ~ 480V	0.37	0.55	6SE6420—2UD13—7AA1	1.1	1.2	2	6SE6400—3CC00—2AD0	5	6SE6400—3TC00—4AD0
			6SE6440—2UD13—7AA1						
	0.55	0.75	6SE6420—2UD15—5AA1	1.4	1.6				
			6SE6440—2UD15—5AA1						
	0.75	1.1	6SE6420—2UD17—5AA1	1.9	2.1	3	6SE6400—3CC00—4AD0		
			6SE6440—2UD17—5AA1						
	1.1	1.5	6SE6420—2UD21—1AA1	2.8	3				
			6SE6440—2UD21—1AA1						
	1.5	2.2	6SE6420—2UD21—5AA1	3.9	4	5	6SE6400—3CC00—6AD0		
			6SE6440—2UD21—5AA1						
	2.2	3	6SE6420—2UD22—2AA1	5	5.9	8	6SE6400—3CC01—0BD0	10.2	6SE6400—3TC01—0BC0
			6SE6440—2UD22—2AA1						
	3	4	6SE6420—2UD23—0AA1	6.7	7.7				
			6SE6440—2UD23—0AA1						
	4	5.5	6SE6420—2UD24—0AA1	8.5	10.2	11.2	6SE6400—3CC01—4BD0		
			6SE6440—2UD24—0AA1						

电源电压（V）	电动机功率（kW） CT恒转矩	电动机功率（kW） VT变转矩	变频器型号	输入电流（A）	输出电流（A）	三相进线电抗器 电流（A）	三相进线电抗器 型号	三相输出电抗器 电流（A）	三相输出电抗器 型号
3AC 380～480V	5.5	7.5	6SE6420—2UD25—5CA1	16	18.4				
	5.5	7.5	6SE6440—2UD25—5CA1	16	18.4				
	7.5	11	6SE6420—2UD27—5CA1	22.5	26	22.4	6SE6400—3CC02—2CD0	25.5	6SE6400—3TC03—2CD0
	7.5	11	6SE6430—2UD27—5CA1	22.5	26	22.4	6SE6400—3CC02—2CD0	25.5	6SE6400—3TC03—2CD0
	7.5	11	6SE6440—2UD27—5CA1	22.5	26	22.4	6SE6400—3CC02—2CD0	25.5	6SE6400—3TC03—2CD0
	11	15	6SE6420—2UD31—1CA1	30.5	32	31.5	6SE6400—3CC03—5CD0	25.5	6SE6400—3TC03—2CD0
	11	15	6SE6430—2UD31—1CA1	30.5	32	31.5	6SE6400—3CC03—5CD0	25.5	6SE6400—3TC03—2CD0
	11	15	6SE6440—2UD31—1CA1	30.5	32	31.5	6SE6400—3CC03—5CD0	25.5	6SE6400—3TC03—2CD0
	15	18.5	6SE6430—2UD31—5DA1	37.2	38	45	6SE6400—3CC04—4DD0	40	6SE6400—3TC05—4DD0
	15	18.5	6SE6440—2UD31—5DA1	37.2	38	45	6SE6400—3CC04—4DD0	40	6SE6400—3TC05—4DD0
	18.5	22	6SE6430—2UD31—8DA1	43.3	45	45	6SE6400—3CC04—4DD0	47	6SE6400—3TC03—8DD0
	18.5	22	6SE6440—2UD31—8DA1	43.3	45	45	6SE6400—3CC04—4DD0	47	6SE6400—3TC03—8DD0
	22	30	6SE6430—2UD32—2DA1	53.9	62	63	6SE6400—3CC05—2DD0	72	6SE6400—3TC05—4DD0
	22	30	6SE6440—2UD32—2DA1	53.9	62	63	6SE6400—3CC05—2DD0	72	6SE6400—3TC05—4DD0
	30	37	6SE6430—2UD33—0EA1	71.7	75	91	6SE6400—3CC08—3ED0	79	6SE6400—3TC08—0ED0
	30	37	6SE6440—2UD33—0EA1	71.7	75	91	6SE6400—3CC08—3ED0	79	6SE6400—3TC08—0ED0

3. 直流电抗器

直流电抗器的主要作用是改善变频器的输入功率因数，防止电源对变频器的影响，保护变频器及抑制高次谐波。直流电抗器在变频器电路中的连接位置如图 6-7 所示，变频器在下列情况下应考虑配置直流电抗器。

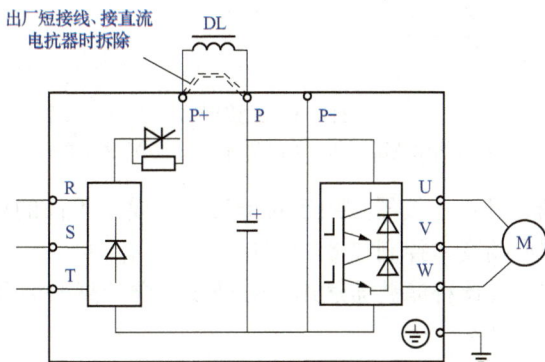

图 6-7　直流电抗器在变频器电路中的连接图

（1）当给变频器供电的同一电源上有无功补偿电容器或带有晶闸管调压负载时，因电容器开关切换引起的无功瞬变致使电网电压突变或晶闸管调压引起的电网波形缺口，有可能对变频器的输入整流电路造成影响。

（2）当变频器供电三相电源的不平衡度≥3％时。

（3）当要求变频器输入端的功率因数提高到 0.93 时。

（4）当变频器接入到大容量供电变压器上时，变频器输入电源回路流过的电流有可能对整流电路造成损害。一般情况下，当变频器供电电源的容量在 550kVA 以上时，变频器需要配置直流电抗器。

6.3.6　滤波器的选择

滤波器分为输入滤波器和输出滤波器。输入滤波器连接在电源与变频器之间，其作用是抑制变频器产生的高次谐波通过电源传导到其他设备或抑制外界无线电干扰以及瞬时冲击、浪涌对变频器的干扰，具备线路滤波和辐射滤波双重作用，并具有共模和差模干扰抑制能力。

输出滤波器安装在变频器和电动机之间，可减小输出电流中的高次谐波成分，抑制变频器输出侧的浪涌电压，减小电动机由高次谐波引起的附加转矩，减小电动机噪声，并抑制高次谐波的辐射。

变频器用滤波器主要是由电感、电容、电阻等组成的无源器件，如图 6-8 所示。它是一种低通滤波器，可以让工频信号无阻挡地通过，而对高频信号有抑制作用。根据变频器滤波器所适用的场合，可以分为以下几种。

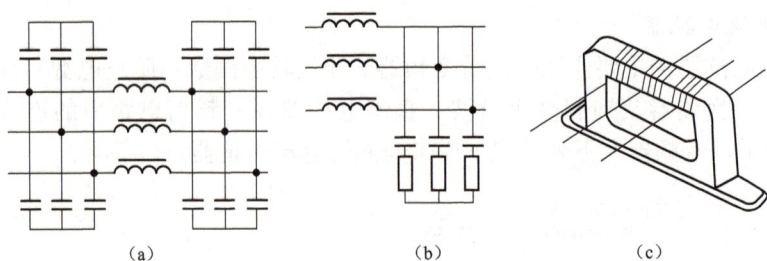

图 6-8　滤波器

（a）输入侧滤波器；（b）输出侧滤波器；（c）滤波电抗器

（1）LC 滤波器。LC 滤波器适用于对谐波含量要求不高的场合，好的 LC 滤波器可以把电流波形畸变率控制在 8%～10%。

（2）谐波滤波器。此种滤波器适用于对谐波要求较高的场合，一般可以把电流波形畸变率控制在 2%～5%。

（3）正弦波滤波器。此种滤波器综合了电抗器与 LC 滤波器的长处，可以把变频器输出端的波形，整合成较标准的正弦波，同时，也可以解决变频器与负载之间因远距离传输所产生的电压降等问题。

在选择滤波器时，要考虑以下几个方面。

（1）明确需要的工作参数。首先要明确设备的额定工作电压、电流和频率。变频器滤波器的额定电流不要取得过小，否则会损坏滤波器或降低变频器滤波器的寿命。但额定电流也不要取得过大，因为电流大会增大变频器滤波器的体积或降低变频器滤波器的电气性能。一般按设备额定电流的 1.2～1.5 倍来确定变频器滤波器的额定电流。

（2）确定合适的变频器滤波器种类。不同的场合，对电流或者是电压畸变率的要求不同，根据其要求，选用不同变频器滤波器。

（3）明确干扰类型。根据设备现场干扰源情况确定干扰噪声类型，是共模干扰还是差模干扰，这样才能有针对性地选用变频器滤波器。如不能确定干扰类型，可通过实际试验来确定变频器滤波器型号，这种方法往往是一种既实用又有效的方法。

（4）泄漏电流。根据设备最大泄漏电流的允许值来选择变频器滤波器，尤其对一些医疗保健设备更是如此。

滤波器在使用时，要注意以下 3 点。

（1）变频器滤波器的安装位置应靠近变频器，尽量缩短引线长度。

（2）确保变频器滤波器外壳与机箱壳良好接触。

（3）变频器滤波器的输入输出线应拉开距离，切忌并行走线，以免降低变频器滤波器的电性能。

6.4 变频器的安装

6.4.1 变频器运行的环境条件

变频器属于电子产品，为保证变频器的安全、可靠、稳定运行，变频器的安装环境应满足以下要求。

1. 环境温、湿度

变频器是电子电路构成的装置，温度影响电子元器件寿命和可靠性，当半导体元器件的结温超过规定值时，将会使元器件损坏。因此，必须限制变频器工作的环境温度。变频器的工作环境温度范围一般为−10～40℃，当环境温度大于变频器规定的温度时，变频器要降额使用或采取相应的通风冷却措施，图 6-9 是 MM440 变频器输出能力与环境温度关系图。

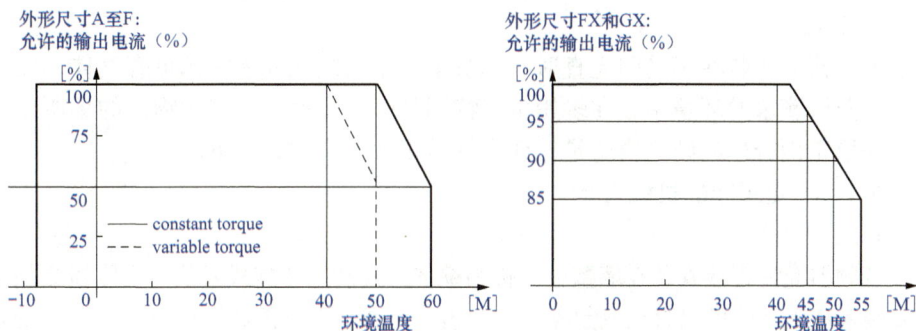

图 6-9　变频器输出能力与环境温度的关系

环境湿度大会导致金属腐蚀，使绝缘性能变差，容易引起变频器故障。因此对变频器工作环境的湿度也有要求。变频器长期可靠运行的工作环境的相对湿度一般为 5％～9％，无结露。

2. 海拔高度

变频器工作环境的海拔高度不应超过 1000m。海拔增高，空气稀薄，影响变频器散热。因此在海拔高度大于 1000m 的场合，变频器要降额使用。图 6-10 是 MM440 变频器输出能力与海拔高度关系图。

3. 冲击和振动

变频器在运行的过程中，要注意避免受到振动和冲击，设置场所的振动加速度应限制在 0.6g 以内。因变频器是由电子元器件通过焊接、螺钉连接等方式组装而成，当变频器受到机械振动或冲击时，会导致焊点、螺钉等连接器件或连接

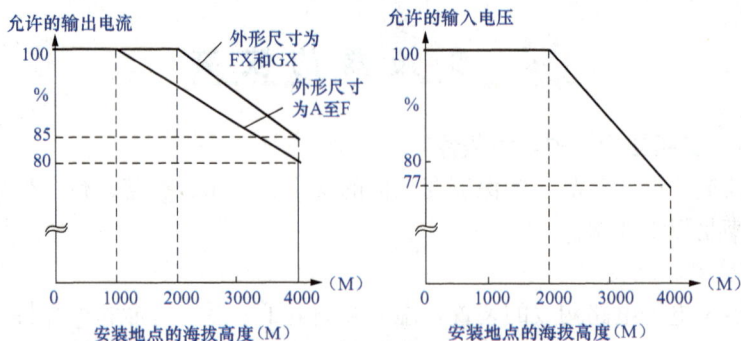

图 6-10　MM440 变频器输出能力与海拔高度的关系

头松动或脱落，引起电气接触不良甚至造成器件间短路等严重故障。因此，变频器不能遭受撞击，不允许把变频器安装在有可能受到振动的地方。

4. 其他

变频器应安装在不受阳光直射、无灰尘、无腐蚀性气体、无可燃气体、无油污、无蒸汽滴水的环境中。在多粉尘（特别是多金属粉尘、絮状物）的场所使用时，采取正确合理的防尘措施是保证变频器正常工作的必要条件。

6.4.2　变频器的机械安装

1. 壁挂式安装

变频器允许直接安装在墙壁上，称为壁挂式安装。壁挂式安装时变频器必须垂直安装，从正面就可以看到变频器文字键盘，请勿上下颠倒或平放安装。单台变频器水平方向安装时四周要留空隙，如图 6-11 所示。但一台变频器安装在另外一台变频器之上时，上下要留有至少 100mm 的间隙。变频器在运行过程中会产生热量，为保持通风良好，需确认变频器的冷却风口处于正确的位置，不能妨碍空气的流通，在变频器附近不要安装有对冷却空气流通造成负面影响的其他设备。为了防止杂物掉入变频器的出风口阻塞风道，在变频器出风口的上方最好安装挡板。变频器在运行时，散热片附近的温度可能上升到 90℃，变频器背面要使用耐高温阻燃材料。

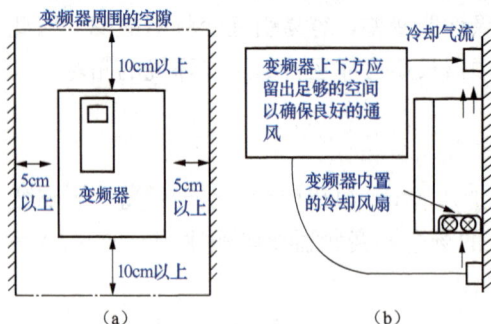

图 6-11　变频器壁挂式安装图

（a）正面图；（b）侧向图

2. 控制柜内安装

变频器安装在控制柜中时，最好安装在控制柜的中部或下部，垂直安装，其正上方和正下方要避免安装可能阻挡进风、出风的大部件。变频器四周距控制柜顶部、底部、隔板或其他部件的距离不应小于300mm。控制柜应有通风、防尘的措施。控制柜应密封，使用专门设计的进风和出风口进行通风散热。控制柜顶部应设有出风口、防风网和防护盖，底部应设有底板、进线孔、进风口和防尘网。风道要设计合理，使排风通畅，不易产生积尘；控制柜内的轴流风机的风口需设防尘网，并在运行时向外抽风。如图6-12所示为变频器在控制柜内的安装布置图。

6.4.3 变频器的电气安装

1. 主电路接线

变频器主电路接线如图6-13所示。变频器与供电电源之间应装设带有短路及过载保护功能的断路器。为了使变频器保护功能动作时能切除电源和防止故障扩大，建议在电源电路中连接一个交流接触器，以保证安全。

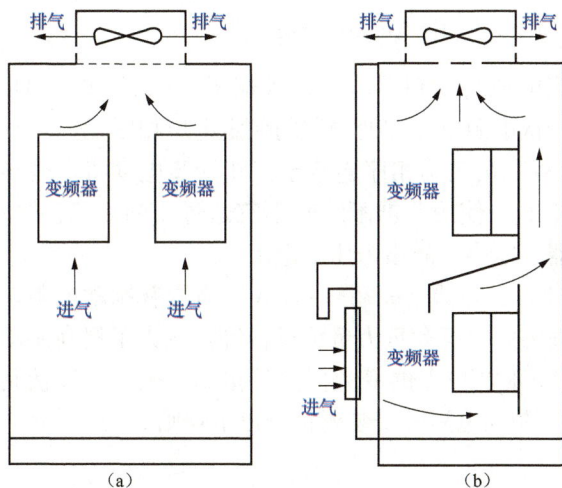

图 6-12　变频器在控制柜内的安装布置图

（a）横向布置；（b）纵向布置

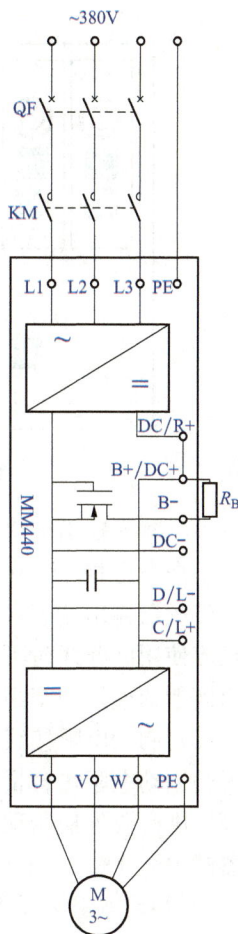

图 6-13　变频器主电路接线图

MM440 变频器的主电路连接端子见表 6-6，接线端子图如图 6-14 所示。

表 6-6   **MM440 变频器主电路端子及其功能**

端子符号	端子名称	说　明
L1、L2、L3	主电路电源端子	连接三相电源
U、V、W	变频器输出端子	连接三相电动机
DC/R+、B+/DC+	直流电抗器连接端子（出厂时短接）	连接改善功率因数的直流电抗器（可选件）
B+/DC+、B-	外部制动电阻连接端子	连接外部制动电阻（可选件）
D/L-、C/L+	制动单元连接端子	连接外部制动单元（可选件）
PE	变频器接地端子	连接接地线

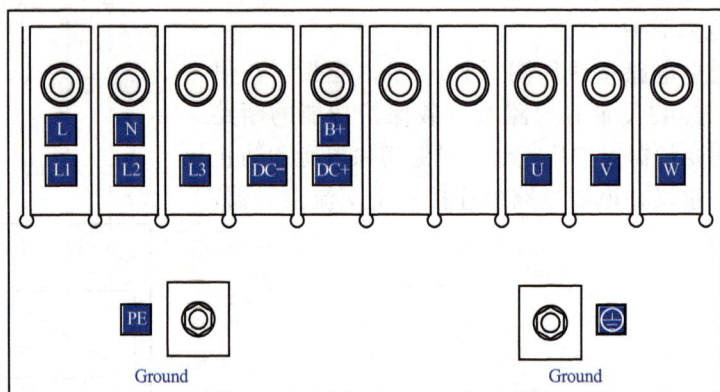

图 6-14　MM440 变频器主电路接线端子图

（1）输入输出端接线。交流电源与变频器电源输入端子（L1、L2、L3）连接，不需考虑相序，在连接前确认电源电压和变频器的额定电压相匹配。

变频器输出端子（U、V、W）按正确相序连接至三相异步电动机。输出线的长度使用屏蔽线时不宜超过 50m，使用非屏蔽线时不宜超过 100m。变频器的输出侧严禁连接功率因数补偿器、电容、防雷击压敏电阻。

（2）制动电阻接线。小容量的变频器（0.75～15kW）内置有制动电阻，如内置的制动电阻热容量不足（高频度运行和重力负载运行等）或为了提高制动力矩等，则必要外接制动电阻。18.5kW 以上的变频器需外接制动电阻，连接到变频器的 B+/DC+、B-端子上，制动电阻的安装要符合以下规则。

1）制动电阻必须垂直安装。

2）制动电阻上下必须有 100cm 的间隙。

3）变频器的电源电压必须经接触器接入，当制动电阻过热时，接触器将在热敏开关的作用下断开变频器电源，这样可以保护制动电阻。

4）热敏开关与接触器的线圈电源串联连接。

（3）接地。变频器工作时会产生漏电流，载波频率越大，漏电流越大。漏电流的大小由使用条件决定，一般情况下，整机的漏电流大于 3.5mA。为保证安全，变频器和电动机必须接地。接地导线应尽量粗，距离应尽量短，一般不得小于下列标准。

7.5kW 及以下电动机，接地导线使用截面不小于 3.5mm² 铜芯线。

11～15kW 电动机，接地导线使用截面不小于 8mm² 铜芯线；

18.5～37kW 电动机，接地导线使用截面不小于 14mm² 铜芯线；

45～55kW 电动机，接地导线使用截面不小于 22mm² 铜芯线。

变频器接地线的接地电阻应小于 10Ω，切勿与电焊机及其他动力设备共用接地线。如果供电系统是 TN-C 系统的话，最好考虑单独敷设接地线。多台变频器接地，则应分别和大地相连，请勿使接地线形成回路，如图 6-15 所示。

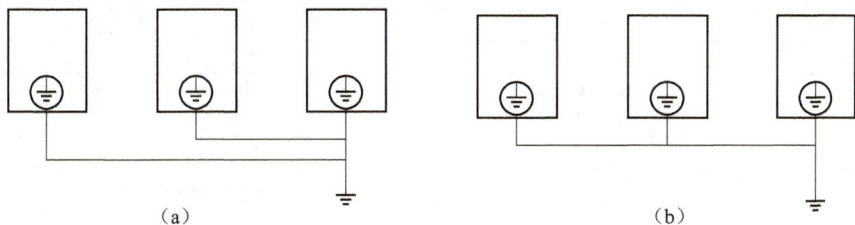

图 6-15　变频器的接地

（a）正确接地；（b）错误接地

2. 控制电路接线

变频器控制电路的接线主要有外部开关信号和外部模拟量信号与变频器控制端子的连接。表 6-7 为 MM440 变频器的控制端子号、标识符及功能，图 6-16 为控制电路接线端子图。控制电路接线时应注意以下几点。

表 6-7　　　　　　　　　　控制端子号、标识符及功能

端子号	标识符	功　能
1	—	10V 直流输出（＋）
2	—	10V 直流输出（－）
3	AIN1＋	模拟输入 1（＋）
4	AIN1－	模拟输入 1（－）
5	DIN1	数字输入 1
6	DIN2	数字输入 2
7	DIN3	数字输入 3
8	DIN4	数字输入 4

端子号	标识符	功 能
9	—	带电位隔离的输出 24V（＋）
10	AIN2＋	模拟输入 2（＋）
11	AIN2－	模拟输入 2（－）
12	AOUT1＋	模拟输出 1（＋）
13	AOUT1－	模拟输出 1（－）
14	PCTA	连接温度传感器 PCT/KTY84
15	PCTB	连接温度传感器 PCT/KTY84
16	DIN5	数字输入 5
17	DIN6	数字输入 6
18	RL1/NC	数字输出继电器 1/常闭触点
19	RL1/NO	数字输出继电器 1/常开触点
20	RL1/COM	数字输出继电器 1/公共触点
21	RL2/NO	数字输出继电器 2/常开触点
22	RL2/COM	数字输出继电器 2/公共触点
23	RL3/NC	数字输出继电器 3/常闭触点
24	RL3/NO	数字输出继电器 3/常开触点
25	RL3/COM	数字输出继电器 3/公共触点
26	AOUT2＋	模拟输出 2（＋）
27	AOUT2－	模拟输出 2（－）
28	—	带电位隔离的输出 24V（－）
29	P＋	485 串口
30	P－	485 串口

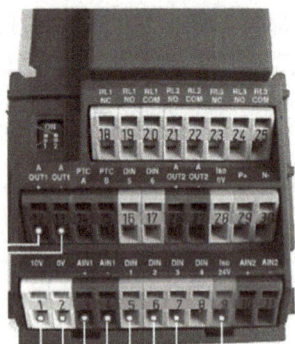

（a）

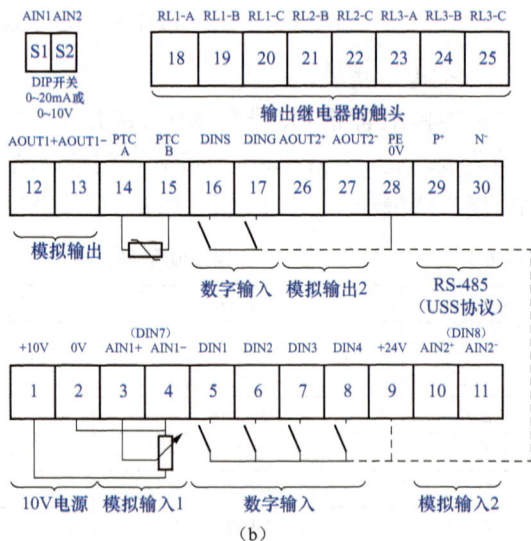

（b）

图 6-16　MM440 变频器控制电路接线端子图

（a）控制端子排图；（b）控制端子连接图

（1）由于模拟量信号的抗干扰能力较低，因此，必须采用屏蔽线。屏蔽线的屏蔽层靠近变频器一侧，接到控制电路的公共端（COM），而不要接到变频器的地端（PE），屏蔽层的另一端悬空，如图 6-17 所示。

（2）数字量控制线允许不使用屏蔽线，但同一信号的两根线必须互相绞在一起，绞合线的绞合间距应尽可能小，信号线电缆最长不得超过 50m。

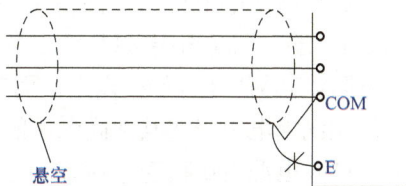

图 6-17　屏蔽线的接法

（3）变频器控制线与主回路电缆或其他电力电缆分开铺设，且尽量远离主电路 100mm 以上，尽量不和主电路电缆平行铺设，不和主电路交叉。必须交叉时，应采取垂直交叉的方法。

（4）控制电路的接地在变频器侧进行，使用专设的接地端子，不与其他的接地端子共用。

3. 防雷措施

变频器的防雷击措施是确保变频器安全运行的另一重要外设措施，特别是在雷电活跃地区或活跃季节。现在的变频器产品一般都设有雷电吸收网络，主要用于防止因瞬间的雷电波侵入，使变频器损坏。但在实际工作中，特别是电源线架空引入时，单靠变频器的自身的雷电吸收网络还不能满足要求，还需要设置变频器专用避雷器。具体措施是在电源进线处装设变频器专用避雷器或按规范要求在离变频器 20m 远处预埋钢管做专用接地保护。如果电源由电缆引入，则应做好控制室的防雷系统，以防雷电流窜入破坏设备。

6.5　变频器的调试

1. 通电时检查

变频器机械、电气安装好之后，可以进行调试和运行。在变频器通电之前，必须进行下列检查。

（1）外观构造检查。包括检查变频器的安装空间和安装环境是否合乎要求。查看变频器的铭牌，看铭牌上的数据是否与所驱动的电动机相适应，检查变频器的主电路接线和控制电路接线是否合乎要求。在检查接线过时，应注意以下几方面的问题。

1）交流电源不要加到变频器的输出端上。

2）变频器与电动机之间的接线不能超过变频器允许的最大布线距离，否则应加交流输出电抗器。

3）交流电源线不能接到控制电路端子上。

4）主电路地线和控制电路地线、公共端、零线的接法是否合乎要求。

5）在工频与变频相互转换的应用中，应注意电气与机械的互锁。

（2）绝缘电阻检查。测量变频器的绝缘电阻时，必须将所有输入端（L1、L2、L3端）和输出端（U、V、W端）都连接起来，用500V绝缘电阻表测量绝缘电阻，其值应在5MΩ以上。而控制电路的绝缘电阻应用万用表的高阻挡测量，不能用绝缘电阻表或其他高电压的仪表测量。

（3）电源电压检查。检查主电路电源电压是否在允许范围内。

2. 变频器试运行

变频调速系统的调试工作一般应遵循"先空载、继轻载、后重载"的规律。

（1）空载运行。主要是观察变频器配接电动机的工作情况，并校准电动机的旋转方向。调试步骤如下。

1）变频器的输出端接上电动机，但电动机与负载脱开，通上电源，观察有无异常现象。

2）先采用操作面板操作模式，将频率设置于0，起动变频器，微微增大工作频率，观察电动机的起动运转情况以及旋转方向是否正确。如方向相反，则予以改正。

3）将频率上升至额定频率，让电动机动行一段时间。如一切正常，再选若干个常用的工作频率，也让电动机运行一段时间。

4）将给定频率信号突降至0（或按停止按钮），观察电动机的制动情况。

5）将外接输入控制线接好，切换到远程控制模式，逐项试验，检查各外接控制功能的执行情况，观察变频器的输出频率与远程给定值是否相符。

（2）负载运行。主要是观察电动机带上负载的情况，包括如下几项。

1）根据控制工艺要求，设置功能参数。

2）点动运行，确认电动机旋转方向，也可发现系统是否存在因机械摩擦而产生的异常。

3）逐渐加速，检查系统是否存在机械异常（振动或异常声音等）。

4）当速度增至一半左右时，进行制动操作，确认制动功能是否正常。

5）逐渐加速到额定转速，观察加速过程中机械系统是否正常。

6）将指令设为额定转速，进行运行/停止等各种操作，如果加速过程中出现失速现象，适当增加加减速时间。

7）根据需要使系统以中速或高速进行磨合运行。

变频器的维护与检修

尽管变频器的可靠性已经很高，但如果使用不当，仍可能发生故障或出现运行状况不佳的情况，缩短变频器的使用寿命。另外，由于长时间使用以及温度、湿度、振动、粉尘等环境的影响，变频器的性能也会有所降低。如果使用合理，维护得当，则能延长变频器的使用寿命，并减少因突发事件造成的生产损失，因此变频器的维护与检修必不可少。

7.1 变频器的日常检查和定期维护

7.1.1 日常检查

日常检查的目的是尽早发现异常现象，清除灰尘，紧固部件，排除事故隐患等。在变频器运行过程中，可以从设备外部目视检查运行状况有无异常，通过操作面板查看变频器的运行参数，如输出电压、输出电流、输出转矩、电机转速等，掌握变频器日常运行值的范围，以便及时发现变频器和电动机的问题。日常检查通常包括以下几个方面。

1. 环境温度

检查变频器周围环境是否符合标准规范，温度与湿度是否正常。变频器属于静止电源型设备，其核心部件基本上是免维护的。在调试工作完成、经过试运行确认系统的硬件和功能都正常后，日常的运行中可能引起系统失效的因素主要是操作失误、散热条件变化以及部分损耗件的老化和磨损。

2. 振动

检查操作面板显示是否正常，有无缺少字符，显示示值是否正确，是否有振动、振荡等现象。振动通常是由于电动机的脉动转矩及机械系统的共振引起的，特别是当脉动转矩与机械共振点恰好一致时更为严重。振动是造成变频器的电子器件机械损伤的主要原因，消除振动，可利用变频器的跳跃频率设置功能使共振点排除在运行范围之外，也可采用橡胶垫避振等措施。

3. 散热条件

检查变频器冷却风扇是否运转正常，是否有异常声音等。散热条件的变化，主要是粉尘、油雾等吸附在逆变器和整流器的散热片以及电路板表面，使这些部件的散热能力降低所致。电路板表面的积污还会降低表面绝缘，造成电气故障的隐患。此外，柜体散热风机或者空调设备的故障以及变频器内部散热风机的故障，也会对变频器散热的条件产生严重的影响。

4. 防尘防腐

检查变频器控制系统是否有集聚粉尘、潮湿、腐蚀性气体的情况。潮湿、腐蚀性气体及粉尘等会造成电子器件生锈、接触不良、绝缘降低甚至造成短路故障。作为防范措施，必要时可对控制电路板进行防腐、防尘处理，并尽量采用封闭式开关柜结构。

5. 进出电缆

检查变频器进出电缆是否有过热、变色、变形、异味、噪声、振动等异常情况。检查输出电流，如果输出电流在同样工况下高于往常，也应查明原因。引起输出电流异常可能的原因有机械设备方面的因素、电动机方面的因素、变频器设置被更改或者变频器隐性故障。

6. 接触不良

检查变频器控制系统的各接线端及外围电器元件是否有松动等异常现象。

7. 电源异常

检查变频器的进线电源是否异常，电源开关是否有电火花、缺相，引线压接螺栓是否松动，电压是否正常。引起电源异常的原因很多，如配电线路因风、雪、雷击等自然因素。有时也因为同一供电系统内，其他地点出现对地短路或相间短路，附近有直接起动的大容量电动机或电热设备等引起电压波动。除电压波动外，有些电网或自发电供电系统也会出现频率波动，并且这些现象有时在短时间内重复出现。如果经常发生因附近设备投入运行造成电压降低的情况，应使变频器供电系统与之分离，减小相互影响。

8. 电动机机体发热

由于变频器输出波形中含有谐波，会不同程度地增加电动机的功率损耗，再加上电动机在低速运行时冷却能力下降，将造成电动机过热。如果电动机有过热现象，应对电动机进行强制冷却通风或限制运行范围，避开低速区。

9. 其他

对特殊的高寒场合，为防止变频器的微处理器因温度过低而不能正常工作，应采取装设空间加热器等必要措施。如果现场的海拔超过 1 000m，气压降低，空气会变稀薄，将影响变频器散热，系统冷却效果降低，因此需要注意负载率的变化。一般海拔每升高 1 000m，应将负载电流降低 10% 使用。

7.1.2　定期维护

维护时要切断电源，停止运行并卸下变频器的外盖。变频器断电后，主电路滤波电容器上仍有较高的电压，需要对电容器放电，放电时间一般为 5～10min，并用电压表测试，确认此电压低于安全值（＜25V DC）才能开始检查作业。定期维护通常包括以下几个方面。

（1）周围环境是否符合规范。

（2）用万用表测量主电路，控制电路电压是否正常。

（3）显示面板是否清楚，有无缺少字符。

（4）框架结构件有无松动，导体、导线有无破损。

（5）检查滤波电容器有无漏液，电容量是否降低。高性能的变频器带有自动指示滤波电容容量的功能，在操作面板上可显示出电容量，以及出厂时该电容的容量初始值，并显示容量降低率，以此推算出电容器的寿命。普及型变频器需要用电容量测试仪测量电容量，测出电容量≥初始电容量值×0.85 为正常。

（6）电阻、电抗、继电器、接触器检查，查看有无断线。

（7）电路板检查，应注意连接线有无松动、电容器有无漏液、板上线条有无锈蚀、断裂等。

（8）冷却风扇和通风道检查。

除了以上共性问题的定期检查外，变频器在运行期间还应按照每半年或一年定期停机检查以下项目。

（1）功率元器件、电路板、散热片等表面有无粉尘、油雾吸附，有无腐蚀及锈蚀现象。粉尘吸附时可用压缩空气吹扫，散热片有油雾吸附可用清洗剂清洗，出现腐蚀和锈蚀现象时要采取防潮防蚀措施，严重时要更换受蚀部件。

（2）检查滤波电容和电路板上电解电容有无鼓肚变形现象，有条件时可测定其实际电容值。出现鼓肚变形现象或者实际电容量低于标称值的 85％时，要更换电容器。更换的电容器要求电容量、耐压等级以及外形和连接尺寸与原部件一致。

（3）散热风机和滤波电容器属于变频器的损耗件，有定期强制更换的要求。散热风机的更换周期通常是正常运行 3 年，或者风机累计运行时间超过1.5 万小时。若能够保证每班检查风机运行状况，也可以在检查发现异常时再更换。滤波电容器的更换周期通常是正常运行 5 年，或者变频器累计通电时间超过 3 万小时。有条件时，也可以在检测到实际电容量低于标称值的 85％时更换。

表 7-1 给出了变频器的日常检查与定期维护项目、检查方法、使用仪器及判定基准。

表 7-1　变频器的日常检查与定期维护项目、检查方法、使用仪器及判定基准

检查部位	检查项目	检查事项	日常检查	定期维护	检查方法	使用仪器	判定基准
整机	周围环境	确认周围温度、湿度、有毒气体、油雾等	√		注意检查现场情况是否与变频器防护等级相匹配。是否有灰尘、水汽、有害气体影响变频器。通风或换气装置是否完好	温度计、湿度计、红外线温度测量仪	温度在－10～40℃内、湿度在90%以下，不凝露。如有积尘，应用压缩空气清扫，并考虑改善安装环境
	整机装置	是否有异常振动、温度、声音等	√		观察法和听觉法，利用振动测量仪	振动测量仪	无异常
	电源电压	主回路电压、控制电源电压是否正常	√		测定变频器电源输入端子排上的相间电压和不平衡度	万用表、数字式多用仪表	根据变频器的不同电压级别测量线电压，不平衡度不大于3%
主回路	整体	(1) 检查接线端子与接地端子间电阻		√	(1) 拆下变频器接线，将端子 R、S、T、U、V、W 一齐短路，用绝缘电阻表测量它们与接地端子间的绝缘电阻。(2) 加强紧固件。(3) 观察连接导体、导线。(4) 清扫各个部位	500V绝缘电阻表	(1) 接地端子之间的绝缘电阻应大于 5MΩ。(2)、(3) 无异常。(4) 无油污
		(2) 各个接线端子有无松动		√			
		(3) 各个零件有无过热的现象		√			
		(4) 清扫	√				
	连接导体、电线	(1) 导体有无位移		√	观察法		(1)、(2) 无异常
		(2) 电线表皮有无破损、劣化、裂缝、变色等		√			
	变压器、电抗器	有无异味、异常声音	√	√	观察法和听觉法		无异常
	端子排	有无脱落、损伤和锈蚀		√	观察法		无异常。如有锈蚀应清洁，并减小湿度
	IGBT模块整流模块	检查各个端子间电阻、测漏电流		√	拆下变频器接线，在端子 R、S、T 与 PN 间，U、V、W 与 PN 间用万用表测量。0Hz 运行时测量	指针式万用表整流型电压表	

检查部位	检查项目	检查事项	日常检查	定期维护	检查方法	使用仪器	判定基准
主回路	滤波电容器	(1) 有无漏液	√		(1)、(2) 用观察法。(3) 用电容表测量	电容表、LCR 测流仪	(1)、(2) 无异常，(3) 为额定容量的 85% 以上。与接地端子的绝缘电阻不小于 5MΩ。有异常时及时更换新件，一般寿命为 5 年
		(2) 安全阀是否突出、表面是否有膨胀现象	√				
		(3) 测定电容量和绝缘电阻		√			
	继电器、接触器	(1) 动作时是否有异常声音		√	观察法、用万用表测量	指针式万用表	无异常。有异常时及时更换新件
		(2) 触点是否氧化、粗糙、接触不良等现象		√			
	电阻器	(1) 电阻的绝缘是否损坏		√	(1) 观察法。(2) 对可疑点的电阻拆下一侧连接，用万用表测量	万用表、数字式多用仪表	(1) 无异常。(2) 误差在标称阻值的 ±10% 以内。有异常应及时更换
		(2) 有无断线	√	√			
控制回路、电源、驱动与保护回路	动作检查	(1) 变频器单独运行		√	(1) 测量变频器输出端子 U、V、W 相间电压，各相输出电压是否平衡。(2) 模拟故障，观察或测量变频器保护回路输出状态	数字式多用仪表、整流型电压表	(1) 相间电压平衡 200V 级在 4V 以内、400V 级在 8V 以内。各相之间的差值应在 2% 以内。(2) 显示正确、动作正确
		(2) 顺序作回路保护动作试验、显示，判断保护回路是否异常		√			
	零件	全体 (1) 有无异味、变色		√	观察法		无异常。如电容器顶部有凸起、体部中间有膨胀现象应更换
		全体 (2) 有无明显锈蚀		√			
		铝电解电容器 有无漏液、变形现象		√			
冷却系统	冷却风扇	(1) 有无异常振动、异常声音		√	(1) 在不通电时用手拨动旋转。(2) 加强固定。(3) 必要时拆下清扫		无异常。有异常时及时更换新件，一般使用 2～3 年应考虑更换
		(2) 接线有无松动	√	√			
		(3) 清扫					

第 7 章　变频器的维护与检修

155

检查部位	检查项目	检查事项	日常检查	定期维护	检查方法	使用仪器	判定基准
显示	显示	(1) 显示是否缺损或变淡	√		(1) LED 的显示是否有缺少字符的现象。 (2) 用棉纱清扫		确认其能发光。显示异常或变暗时更换新板
		(2) 扫清		√			
	外接仪表	指示值是否正常	√		确认盘面仪表的指示值满足规定值	电压表、电流表	指示正常
电动机	全部	(1) 是否有异常振动、温度和声音	√	√	(1) 听觉，触觉，观察。 (2) 由于过热等产生的异味。 (3) 清扫		(1)、(2) 无异常。(3) 无污垢、油污
		(2) 是否有异味					
		(3) 清扫					
	绝缘电阻	全部端子与接地端子之间、外壳对地之间	√		拆下 U、V、W 的连接线，包括电动机接线在内，用绝缘电阻表测量	500V 绝缘电阻表	应在 5MΩ 以上

7.2 变频器的常见故障及处理

7.2.1 过电压故障及处理

一般情况下，过电压故障出现在停机时，其主要原因是减速时间太短或制动单元有问题。正常情况下，变频器直流母线上的直流电压为三相全波整流后的平均值。若以 380V 线电压计算，则平均直流电压 $U_d = 1.35U_1 = 537V$。在过电压发生时，直流母线的储能电容将被充电，电容两端电压升高，当电压值上升至 760V 左右时，变频器过电压保护动作。在此情况下，首先要解决的是如何及时处理直流回路多余能量，其次是如何避免或减少多余能量向中间直流回路馈送，将其过电压的程度限定在允许的限值之内。可采取的措施有以下几点。

(1) 增加吸收装置。在电源输入侧增加吸收装置，将过电压及时吸收。对电源输入侧有冲击过电压、雷电引起的过电压、补偿电容在合闸和断开时形成的过电压可能发生的情况下，可以采用在输入侧并联浪涌吸收装置或串联电抗器等方法加以解决。

(2) 设定参数。在变频器设定的参数中主要有减速时间参数和变频器减速过电压自处理功能。在工艺流程中如果不限定负载减速时间，变频器减速时间参数的设定不要太短，以免使得负载动能释放得太快，该参数的设定要以不引起变频器直流中间回路过电压为限，特别要注意负载惯性较大时该参数的设定。如果工艺流程对负载减速时间有限制，而在限定时间内变频器出现过电压跳闸现象，就要设置变频器失速自整定功能或先设定变频器不过压情况下可减至的频率值，暂缓后减速至零。

（3）增加制动电阻。这是一种常用的泄放能量的方法，一般小于 7.5kW 的变频器已配置有制动单元和制动电阻，大于 7.5kW 的变频器需根据实际情况外加制动单元和制动电阻，为中间直流回路多余能量释放提供通道。这种方法的缺点是能耗高，可能出现由于制动电阻频繁投切或长时间运行，致使电阻温度升高，设备损坏。

（4）增加逆变单元。处理变频器中间直流回路能量最好的方法就是在输入侧增加逆变单元，可以将多余的能量反馈给电网。但逆变单元价格昂贵、技术要求复杂，不是经济的解决方法，在实际中限制了其应用，只有在较高级的场合才使用。

（5）加装适当电容。中间直流回路对其电压稳定、提高回路承受过电压的能力起着非常重要的作用。采用中间直流回路上增加适当电容的方法，适当增大回路的电容量或及时更换运行时间过长且容量下降的电容器，是解决变频器过电压的有效方法。

（6）功能控制法。通过控制系统功能优势解决变频器过电压问题。在很多工艺流程中，变频器的减速和负载的突降是受控制系统支配的，可以利用控制系统的一些功能，在变频器的减速和负载的突降前进行控制，减少过多的能量馈入变频器中间直流回路。如对于规律性减速过电压故障，可将变频器输入侧的不可控整流桥换成半可控或全控整流桥，在减速前将中间直流电压控制在允许的较低值，相对加大中间直流回路承受馈入能量的能力，避免产生过电压故障。而对于规律性负载突降过电压故障，可利用控制系统如 DCS 集散系统的控制功能，在负载突降前将变频器的频率作适当提升，减少负载侧过多的能量馈入中间直流回路，以减少其引起的过电压故障。

7.2.2 过电流故障及处理

变频器的过电流故障主要指带有突变性质的、电流的峰值超过了变频器容许值的情形。由于逆变器件的过载能力较差，所以变频器的过电流保护至关重要，通常情况下变频器过电流故障的原因分为外部原因和变频器本身的原因。

引起变频器过电流故障的外部原因主要有以下几项。

（1）电动机负载突变，引起的冲击过大造成过流。

（2）电动机和电动机电缆相间或每相对地的绝缘破坏，造成匝间或相间对地短路，因而导致过流。

（3）过流故障与电动机的漏抗、电动机电缆的耦合电抗有关，所以选择电动机电缆一定要按照要求去选。

（4）在变频器输出侧有功率因数矫正电容或浪涌吸收装置。

（5）当装有测速编码器时，速度反馈信号丢失或非正常时，也会引起过流，检查编码器和其电缆。

引起变频器过电流故障的内部原因主要有以下几项。

（1）参数设定错误。例如加速时间太短，PID 调节器的比例 P、积分时间 I 参数不合理，超调过大，造成变频器输出电流振荡。

（2）变频器硬件问题。

1）电流互感器损坏，其现象表现为：变频器主回路送电，当变频器未起动时，有电流显示且电流在变化，这样即可判断互感器已损坏。

2）主电路接口板电流、电压检测通道被损坏也会出现过流。电路板损坏可能是环境差，导电性固体颗粒附着在电路板上，会造成静电损坏；或者有腐蚀性气体使线路被腐蚀；电路板的零电位与机壳连在一起，由于柜体与地脚焊接时，强大的电弧会影响电路板的性能；由于接地不良，电路板的零伏受干扰也会造成电路板损坏。

3）由于连接插件不紧、不牢。例如电流或电压反馈信号线接触不良，会出现过流故障时有时无任何显示的现象。

4）当负载不稳定时，建议使用直接转矩控制模式，因为直接转矩控制模式控制速度快，每隔 25ms 产生一组精确的转矩和磁通的实际值，再经过电动机转矩比较器和磁通比较器的输出，优化脉冲选择器决定逆变器的最佳开关位置，这样可以有效抑制过电流。另外，速度环的自适应会自动调整 PID 参数，从而使变频器输出电动机电流平稳。

（3）判断因变频器内部异常而导致的过电流的方法如下。

1）在电动机负载正常的情况下，变频器却经常因过电流而跳闸。遇到这种情况时，应使变频器显示输出电流，观察是否真的过电流。如果显示电流的确很大，但负载又较轻，则首先检查转矩提升是否预置得太大。

2）在电动机负载转矩提升并不大的情况下，有必要在外部实际测量一下变频器的输出电流。如果实测电流与变频器的显示电流差异较大，则需要检查变频器内部的电流检测系统是否异常，因为变频器是根据自身测量出来的电流进行判断和保护的。

以下用几个具体的过电流故障实例加以分析。

现象 1：重新起动时，一升速就跳闸，这是过电流十分严重的现象。

原因：负载短路，机械部位有卡堵；逆变模块损坏；电动机负载突变，引起的冲击过大；电动机的转矩过小等。

现象 2：上电就跳闸，这种现象一般不能复位。

原因：有模块损坏、驱动电路损坏、电流检测电路损坏。

现象 3：重新起动时并不立即跳闸而是在加速时跳闸。

原因：加速时间设置太短、电流上限设置太小、转矩补偿（U/f）设定较高。

现象 4：电动机电缆相间或每相对地的绝缘损坏，造成相间或相对地短路，因而导致过电流。

原因：电动机电缆线对地绝缘损坏或相间绝缘损坏。

现象 5：过电流故障与电动机的漏阻抗、电动机电缆的耦合电抗有关，所以选择电动机电缆是一定要按照要求选择。

现象 6：速度反馈信号丢失。

原因：当装有测速编码器时，速度反馈信号丢失或异常时也会引起过电流，检查编码器及其电缆。

现象 7：逆变桥臂的两个逆变器件在不断交替的工作过程中出现异常。

原因：变频器自身工作不正常。例如，由于环境温度过高，或逆变器件本身老化等原因，使逆变器件的参数发生变化，导致在交替过程中，一个器件已经导通，而另一个器件却还未来得及关断，引起同一个桥臂的上、下两个器件的"直通"，使直流电压的正、负极间处于短路状态，或上桥关断下桥导通的间隔时间过短，一般要大于 $10\mu s$，否则残余电荷会引起瞬间上、下桥暂态短路。

现象 8：变频器一接通电源就"过电流"跳闸。

原因：1）主电路的原因。变频器在发生故障进行保护时，将立即封锁 6 个逆变管。因此，如果空气断路器和快速熔断器一度无反应，说明逆变管损坏的可能性较大。

2）检测和控制电路的原因。如经过检查，逆变管全部正常，则应检查检测电路和控制电路。首先将检测电路和主控板之间的接插件脱开，重新接上电源，如不再发生"过电流"，则说明问题在于检测电路部分，如果仍然因"过电流"而跳闸，则说明主控板工作不正常。

7.2.3 过载故障及处理

过载也是导致变频器跳闸比较频繁的故障之一。过载故障包括变频器过载和电动机过载，可能是加速时间太短、直流制动量过大、电网电压太低、负载过重等原因。常见的检查方法如下。

（1）检查电动机是否发热。如果电动机的温升不高，则首先应检查变频器的电子热保护功率预置得是否合理。如变频器尚有裕量，则应放宽预置。如变频器的允许电流已经没有裕量，不能再放宽，且根据生产工艺，所出现的过载属于正常过载，则说明变频器的选择不当，应加大变频器的容量，更换变频器。这是因为电动机在拖动变动负载或断续负载时，只要温升不超过额定值，是允许短时间或几分钟、几十分钟过载的，而变频器则不允许。如果电动机的温升过高，而所出现的过载又属于正常过载，则说明是电动机的负载过重。这时，首先应考虑能否适当加大传动比，以减轻电动机轴上的负载。如果无法加大传动比，则应加大电动机的容量。

（2）检查负载侧三相电压是否平衡。如果负载侧的三相电压不平衡，则应再检查变频器输出端的三相电压是否平衡。如输入电压三相平衡而变频器输出三相不平衡，则问题在变频器内部，应检查变频器的逆变器内部，应检查变频器的逆变模块及其驱动电路。

检查负载侧三相电压平衡，则应了解跳闸的工作频率，如工作频率降低，又未使用矢量控制（或无矢量控制），则首先降低 U/f 比。如降低后仍能带动负载，则说明原来预置的 U/f 比过高，励磁电流的峰值偏大，可通过降低 U/f 的比值来减小电流。如果降低后不能驱动负载，则应考虑加大变频器的容量，如果变频器具有矢量控制功能，则应采用矢量控制方式。

（3）检查变频器输出端的电压是否平衡。检查从变频器到电动机之间的线路所有接线端的螺钉是否都已拧紧，如果在变频器和电动机之间有接触器或其他电器，还应检查有关电器的接线端是否都已拧紧，以及触点的接触状况是否良好等。

（4）检查是否误动作。在经过以上检查均未找到原因时，应检查是不是误动作。判断的方法是在轻载或空载的情况下，用电流表测量变频器的输出电流，与显示屏上显示的运行电流值进行比较，如果显示屏显示的电流读数比实际测量的电流大较多，则说明变频器内部的电流测量有问题。

7.3 变频器电路检测

1. 主电路电量的测量

由于变频器输入/输出侧电压和电流含有高次谐波正弦量，当选择不同类别的电表进行测量时，其测量结果会发生很大差别。目前各类电表其规定频率均为工频 50Hz，为了提高测量的准确度，推荐使用表 7-2 所列的测量仪表进行测量。此外，功率因数不能用市售功率因数表进行测量，而应用实测电压、电流值通过式（7-1）式计算求取

$$\cos\varphi = \frac{功率}{\sqrt{3} \times 电压 \times 电流} 100\% \tag{7-1}$$

表 7-2　　　　　　　　　　　　**主电路测量时推荐用测量仪表**

项　目	输入（电源）侧			输出（电动机）侧			直流中间电压 P（＋）—N（—）间
	电压波		电流波	电压波		电流波	
仪表名称	电流表 $A_{R.S.T}$	电压表 $V_{R.S.T}$	功率表 $W_{R.S.T}$	电流表 $A_{U.V.W}$	电压表 $V_{U.V.W}$	功率表 $W_{U.V.W}$	直流电压表
仪表种类	动铁式	整流式或动铁式	数字功率表	动铁式	整流式	数字功率表	动圈式

注　整流式表测量输出电压时，可能产生较大误差。为提高测量准确度，建议使用数字式 AC 功率表。

变频器电量测量仪表接线如图 7-1 所示。

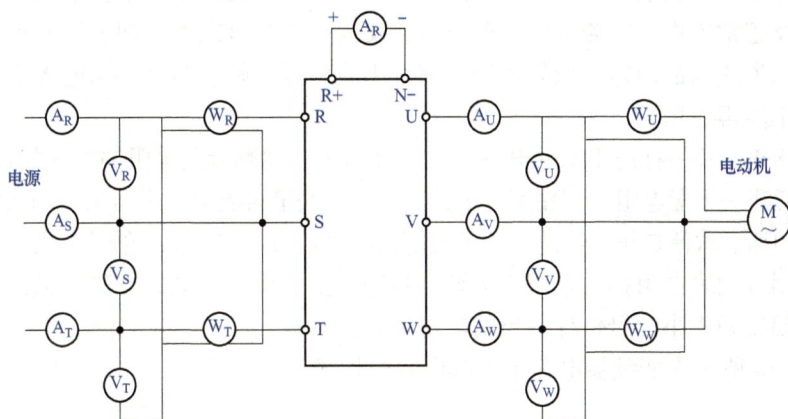

图 7-1　变频器电量测量仪表接线图

2. 绝缘测试

变频器出厂时，厂商已进行过绝缘测试，用户一般不再进行绝缘测试。若需要测试时，应按下列步骤进行，否则可能会损坏变频器。

（1）主回路。按图 7-2 所示的电路进行接线，保证断开主电源，并将全部输入输出端短路，以防高压进入控制电路。将 500V 绝缘电阻表接于公共线和大地（G 端）间，绝缘电阻表指示值大于等于 5MΩ 为正常。

（2）控制电路。为防止高压损坏电子元件，一般不用绝缘电阻表而改用万用表的高阻挡测量，测量值大于 1MΩ 为正常。

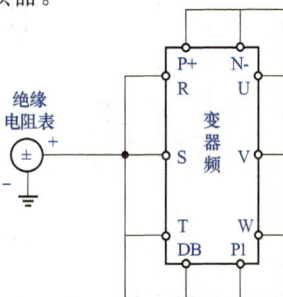

图 7-2　用绝缘电阻表测试电路

3. 电解电容的检测

电解电容常见的故障有容量减少、容量消失、击穿短路及漏电。其中，容量变化是因电解电容在使用过程中其内部的电解液逐渐干涸引起的，而击穿与漏电一般是由所加的电压过高或本身质量不佳引起的。

因为电解电容的容量较一般固定电容大得多，所以测量时应该针对不同容量选用合适的量程。一般情况下，$1\sim47\mu F$ 间的电容可用 $R\times1k$ 电阻挡测量，大于 $47\mu F$ 电容可用 $R\times10$ 电阻挡测量。

将万用表红表笔接负极，黑表笔接正极，在刚接触的瞬间，万用表指针即向右偏转大偏度，对于同一电阻挡，容量越大，摆幅越大。接着逐渐向左回转，直到停在某一位置。此时的阻值便是电解电容的正向漏电阻，此值略大于反向漏电阻。实际使用经验表明，电解电容的漏电阻一般应在几百至几千兆欧姆以上，否则将不能正常工作。在测试中，若正向、反向均无充电现象，即表针不动，则说明容量消失或内部短路。如果所测阻值很小或为零，则说明电容漏电大或已击穿损坏，不能再使用。

对于正、负极标志不明的电解电容，可利用上述测量漏电阻的方法加以判别。即先任意测一下漏电阻，记住其大小，然后交换表笔再测出一个阻值。两次测量中阻值大的那一次便是正向接法，即黑表笔接的是正极，红表笔接的是负极。

使用万用表电阻挡，采用给电解电容进行正、反向充电的方法，根据指针向右摆动幅度的大小，可估计测出的电解电容的容量。

图 7-3 所示为变频器电路中电解电容的检测处理方法。

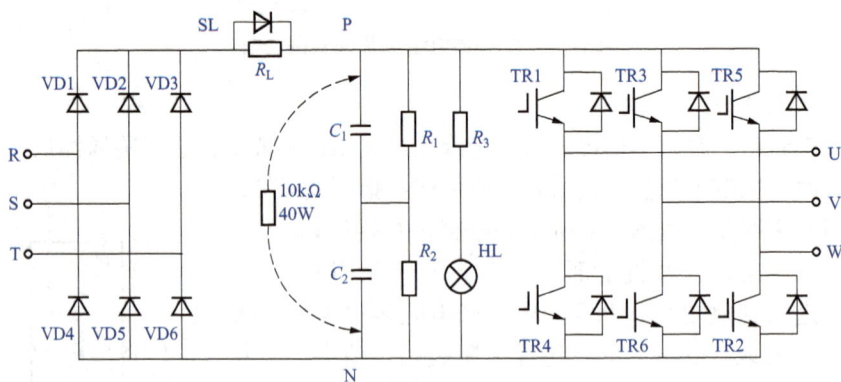

图 7-3　电解电容的检测处理方法

4. 整流器和逆变器模块测试

在变频器的电源输入端 R、S、T 端，输出端 U、V、W 端，用万用表电阻挡，变换测试笔的正负极性，根据读数即可判定模块的好坏。如图 7-4 的变频器主电路，模块的好坏可按表 7-3 所列方法进行判定。

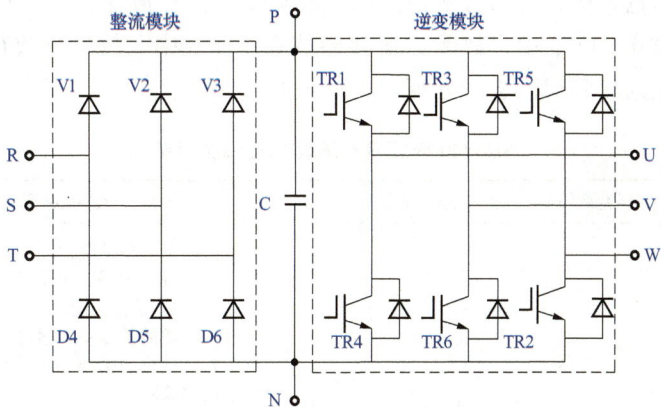

图 7-4 模块测试电路

表 7-3 模块测试判别表

模块 \ 性能	电表极性 +	电表极性 −	测定值	模块 \ 性能	电表极性 +	电表极性 −	测定值
V1	R	P	不导通	V4	R	N	导通
V1	P	R	导通	V4	N	R	不导通
V2	S	P	不导通	V5	S	N	导通
V2	P	S	导通	V5	N	S	不导通
V3	T	P	不导通	V6	T	N	导通
V3	P	T	导通	V6	N	T	不导通
TR1	U	P	不导通	TR4	U	N	导通
TR1	P	U	导通	TR4	N	U	不导通
TR2	V	P	不导通	TR5	V	N	导通
TR2	P	V	导通	TR5	N	V	导通
TR3	W	P	不导通	TR6	W	N	导通
TR3	P	W	导通	TR6	N	W	不导通

7.4 MM440 变频器的故障检修

变频器本身有相当丰富的异常故障保护功能。当故障发生时，变频器将异常故障代码显示在操作面板的显示屏上，或者将故障信息存储在变频器的某个参数内，以便维修检查。

MM440 变频器发生故障时，在 BOP 上以 A××××或 F××××显示报警
信息码或故障信息码，并将报警信息码或故障信息码存放在参数 r0947 中，故障
发生时间存放在 r0948 中，故障数值存储放在 r0949 中，故障总数存放在 r0952
中，用户可根据故障代码进行处理，见表 7-4。

表 7-4　　　　　　　　　　　MM440 变频器故障代码及解决对策

故障代码	故障现象/类型	故障原因	解决对策
F0001	过电流	电动机功率（P0307）与变频器的功率（r0206）不匹配，电动机的导线短路有接地故障	检查以下各项情况： （1）电动机功率（P0307）与变频器的功率（r0206）是否匹配； （2）电缆的长度不得超过允许的最大值； （3）电动机的电缆和电动机内部不得有短路或接地故障； （4）输入变频器的电动机参数必须与实际使用的电动机参数相符合； （5）输入变频器的定子电阻值（P0350）必须正确无误； （6）电动机的冷却风道必须通畅，电动机不得过载； （7）增加斜坡上升时间（P1120）； （8）减少"转矩提升"的强度（P1312）
F0002	过电压	直流回路的电压（r0026）超过了跳闸电平（2172）	检查以下各项情况： （1）电源电压（P0210）必须在变频器铭牌规定的范围以内； （2）直流回路电压控制器必须投入工作（P1240），而且正确地进行了参数化； （3）斜坡下降时间（P1121）必须与负载的转动惯量相匹配； （4）实际要求的制动功率必须在规定的限定值以内
F0003	欠电压	供电电源故障 冲击负载超过了规定的限定值	检查以下各项情况： （1）供电电源电压（P0210）必须在变频器铭牌规定的范围以内； （2）检查供电电源是否短时掉电，或有短时的电压降低
F0004	变频器过温	变频器运行时冷却风量不足 环境温度太高	检查以下各项情况： （1）变频器运行时冷却风机必须正常运转，调制脉冲的频率必须设定为默认值； （2）检查环境温度是否太高，是否超过了变频器的允许值

故障代码	故障现象/类型	故障原因	解决对策
F0005	变频器 I^2t 过温	变频器过载 变频器负载工作周期时间太长 电动机功率（P0307）超过了变频器的功率（r0206）	检查以下各项情况： （1）负载的工作周期时间必须在规定的限制值以内； （2）电动机功率（P0307）必须与变频器的功率（r0206）相匹配
F0011	电动机 I^2t 过温	电动机过载	检查以下各项情况： （1）负载过大或负载的工作周期时间太长； （2）标称的电动机温度超限值（P0626～P0628）必须正确； （3）电动机 I^2t 过温报警电平（P0604）必须与电动机的实际过温情况相匹配
F0012	变频器温度信号丢失	变频器（散热器）的温度传感器断线	检查变频器（散热器）的温度传感器接线
F0015	电动机温度信号丢失	电动机的温度传感器开路或短路，如果检测到温度信号已经丢失，温度监控开关便切换为监控电动机的温度模型	检查电动机的温度传感器接线
F0020	电源断相	如果三相输入电源缺相，便出现故障，但变频器的脉冲仍然允许输出，变频器仍然可以带负载	检查输入电源是否正常
F0021	接地故障	如果三相电流的总和超过变频器额定电流的 5% 时，便出现这一故障	检查变频器、电缆、电动机对地绝缘
F0022	功率组件故障	下列情况下将引起硬件故障（r0947＝22 和 r0949＝1）： （1）直流回路过电流（＝IGBT 短路） （2）制动斩波器短路 （3）接地故障 （4）I/O 板插入不正确	检查以下各项情况： （1）检查 I/O 板是否完全插入插座中； （2）如果在变频器的输出侧或 IGBT 中有接地故障或短路故障时，断开电动机电缆就能确定是哪种故障； （3）在所有外部接线都已断开（电源接线除外），而变频器仍然出现永久性故障的情况下，可以断定变频器一定存在缺陷，应该对变频器进行检修； （4）偶尔发生的 F0022 故障：突然的负载变化或机械阻滞； （5）斜坡时间很短； （6）采用无传感器矢量控制功能时参数优化运行得很差； （7）安装有制动电阻时，制动电阻的阻值太低

故障代码	故障现象/类型	故障原因	解决对策
F0023	输出故障	输出的一相断线	检查输出电缆
F0024	整流器过温	通风风量不足 冷却风机没有运行 运行环境的温度过高	检查以下各项情况： (1) 变频器运行时冷却风机必须处于运转状态； (2) 脉冲频率必须设定为默认值； (3) 环境温度可能高于变频器运行的允许值
F0030	冷却风机故障	风机不工作	检查以下各项情况： (1) 在装有操作面板选件 AOP 或 BOP 时，故障不能被屏蔽； (2) 更换新风机
F0035	在重试再起动时自动再起动故障	试图制动再起动的次数超过了 P1211 确定的数值	检查参数设置是否正确
F0041	电动机参数自动检测故障	电动机参数自动检测故障 报警值＝0：负载消失 报警值＝1：进行自动检测时已到达电流限制值的电平 报警值＝2：自动检测得出的定子电阻小于 0.1% 或大于 100% 报警值＝3：自动检测得出的转子电阻小于 0.1% 或大于 100% 报警值＝4：自动检测得出的定子电抗小于 50% 或大于 500%	检查以下各项情况： 报警值＝0：检查电动机是否与变频器正确连接； 报警值＝1～9、20、30、-40：检查电动机参数 P0304、P0311 是否正确； 检查电动机的接线应该是哪种形式（星形，三角形）
F0041	电动机参数自动检测故障	报警值＝5：自动检测得出的电源电抗小于 50% 或大于 500% 报警值＝6：自动检测得出的转子时间常数小于 10ms 或大于 5s 报警值＝7：自动检测得出的总漏抗小于 5% 或大于 50% 报警值＝8：自动检测得出的定子漏抗 25% 或大于 250% 报警值＝8：自动检测得出的转子漏抗 25% 或大于 250% 报警值＝20：自动检测得出的 IGBT 通态电压小于 0.5V 或大于 10V 报警值＝30：电流控制器达到了电压限制值 报警值＝40：自动检测得出的数据组自相矛盾，至少有一个自动检测得出的数据错误 基于阻抗 Z_b 的百分值＝ $U_{mot,nom}/\mathrm{sqrt}(3)/I_{mot,nom}$	检查以下各项情况： 0：检查电动机是否与变频器正确连接 1～9、20、30、-40：检查电动机参数 P0304、P0311 是否正确； 检查电动机的接线应该是哪种形式（星形，三角形）

故障代码	故障现象/类型	故障原因	解决对策
F0042	速度控制优化功能故障	电动机数据自动检测故障 故障报警值＝0：在规定的时间内不能达到稳定速度 故障报警值＝1：读数不合乎逻辑	检查电动机数据输入是否正确
F0051	参数 EEPROM 故障	在访问 EEPROM 时发生读出或写入故障	检查以下各项情况： (1) 复位为工厂的默认值，并重新参数化； (2) 对变频器进行检修
F0052	功率组件故障	读取功率组件的参数时出错，或数据非法	对变频器进行检修
F0055	BOP-EEPROM 故障	在利用 BOP 复制参数，向 BOP 的 EEPROM 存储参数时，发生读出或写入故障	(1) 复位为工厂的默认值，并重新参数化； (2) 更换 BOP
F0056	变频器没有安装 BOP	在变频器没有安装 BOP 的情况下试图运行参数的复制	在变频器上安装 BOP 并重新进行参数的复制
F0057	BOP 故障	使用空白的 BOP 复制参数 使用非法的 BOP 复制参数	向 BOP 下载参数 更换 BOP
F0058	BOP 存储的信息不兼容	试图当 BOP 安装在其他型号的变频器上时进行参数的复制	从这一型号的变频器上向 BOP 下载参数
F0060	Asic 超时	内部通信故障	如果故障持续出现，对变频器进行检修
F0072	USS 设定值故障	在通信报文结束时，不能从 USS 得到设定值	检查 USS 通信的主站
F0085	外部故障	由端子输入信号触发的外部故障	封锁触发故障的端子输入信号
F0100	监视器 (Watchdog)复位	软件出错	运行自测试程序
F0101	功率组件溢出	软件出错或变频器的处理器故障	运行自测试程序
F0450	BIST 测试故障	故障值 r0949＝1：有些功率部件有故障 故障值 r0949＝2：有些控制板有故障 故障值 r0949＝4：有些功能有故障 故障值 r0949＝8：有些 I/O 模块有故障 （仅指 MM420）故障值 r0949＝16：变频器开机上电检测时内部 RAM 有故障	变频器可以运行，但有的功能不能正常工作，对变频器进行检修

第 7 章 变频器的维护与检修

167

故障代码	故障现象/类型	故障原因	解决对策
A0501	电流限幅	电动机的功率与变频器的功率不匹配 电动机的连接导线太长 存在接地故障	检查以下各项情况： (1) 电动机的功率（P0307）必须与变频器的功率（r0206）相匹配； (2) 电缆的长度不得超过最大允许值； (3) 电动机电缆和电动机内部不得有短路或接地故障； (4) 输入变频器的电动机参数必须与实际使用的电动机一致； (5) 定子电阻（P0305）必须正确无误； (6) 电动机的冷却风道是否堵塞，电动机是否过载； (7) 增加斜坡上升时间（P1120）； (8) 减少"转矩提升"的数值（P1312）
A0502	过电压限幅	电压达到了过电压的限幅值 如果 U_{dc} 控制器没有激活（P1240＝0），这一报警信息可能在斜坡下降期间出现	如果这一报警信息一直显示，应检查变频器的输入电源电压
A0503	欠电压限幅	供电电源故障 供电电源电压和直流回路电压（r0026）低于规定的限幅值	检查变频器的输入电源电压
A0505	变频器的 I^2t 过温	变频器的 I^2t 超过了报警电平，如果进行参数化（P0610＝1），将降低变频器允许的输出电流	检查负载状态和"工作—停止"周期时间必须在规定的限制值内
A0511	电动机的 I^2t 过温	电动机过载 电动机的工作周期时间太长	检查以下各项情况： (1) P0611（电动机的 I^2t 时间常数）的数值应设置适当； (2) P0614（电动机的 I^2t 过载报警电平）的数值应设置适当
A0600	RTOS 超出限制范围报警	超出内部的时间限制范围	检查参数设置是否正确
A0910	U_{dc-max} 控制器未激活	输入电源电压持续过高 电动机由负载带动旋转，使电动机处于再生制动方式下运行，就可能出现这一报警信号 在斜坡下降时，如果负载的转动惯量特别大，就可能出现这一报警信号	检查以下各项情况： (1) 输入电源电压必须在允许范围以内； (2) 负载必须匹配

故障代码	故障现象/类型	故障原因	解决对策
A0911	$U_{\text{dc-max}}$控制器已激活	直流回路最大电压$U_{\text{dc-max}}$控制器已激活，因此，斜坡下降时间将自动增加，从而自动将直流回路电压（r0026）保持在限定值（P2172）以内	检查以下各项情况： （1）电源电压不应超过铭牌上所标示的数值； （2）斜坡下降时间（P1121）必须与负载的惯量相匹配
A0923	同时要求正向点动和反向点动	同时要求正向点动和反向点动，斜坡函数发生器（RFG）的输出频率将停留在其当前值	检查点动参数设置是否正确，不要同时按下正向点动和反向点动按钮

7.5 MM440 变频器维修实例

故障实例 1

故障现象：某煤矿一台西门子 MM440 型 200kW 变频器上电后，操作控制面板 PMU 显示屏显示［----］故障信息。

分析检修：西门子 MM440 型 200kW 变频器上电显示［----］故障信息，一般是因为主控板出问题。原因是在安装的过程中没有严格遵循 EMC 规范，强电电缆和控制信号电缆没有分开布线，接地不良并且没有使用屏蔽线，致使主控板的某些元件，如贴片电容、电阻等或 I/O 口损坏，但也有个别问题出在电源板上。用替换法替换一块主控板后，检查变频器外部布线正常，变频器上电后运行正常。

故障实例 2

故障现象：某钢铁厂一台油隔泵采用 MM440—160kW 变频器调速，该变频器放置在操作室柜内，运行中变频器柜突然发生短路跳闸。

分析检修：经检查，外围电机设备及输入、输出电缆均正常，变频器所配快速熔断器未断，拆下变频器，发现 L1 交流输入端整流模块上 3 个铜母排之间有明显的短路放电痕迹，整流管阻容保护电阻的一个线头被打断，而其他部分外观无异常。检查 L1 输入端 4 只整流管均完好，将阻容保护电阻端控制线重新焊好，变频器内无异物。

接着将变频器连接到一台小容量电动机上，调节电位器，输出电压三相平衡，频率可调，电动机调速正常。试验正常后回装送电，变频器柜盘面电压表指示输入交流电压为 380V。按起动按钮，调节电位器，电动机运转。当频率调至 11Hz 时，变频器跳闸，故障指示为"A0502"，即直流回路欠电压保护。再送电试运行，故障同前。将电动机电缆拆除，空载试验变频器，调节电位器频率可以调至设定值 50Hz。重新连接电动机起动后，在调节频率的同时测量直流输出电压，发现在频率上升至 50Hz 时，直流电压只有 513V 左右，致使欠电压保护动作。在送电后，维修人员还发现变频器内部冷却风扇工作异常，接触器触点未闭合（正常情况下，该接触器应闭合，以保证充电电容有足够的充电电流）。怀疑电源回路有问题，后用万用表测量配电室熔断器式刀开关发现一相已熔断，更换后重新送电，一切正常。

故障实例 3

故障现象：某化工厂一台 75kW 的 MM440 系列变频器，安装好以后开始时运行正常，半个多小时后，电动机停转，可是变频器的运转信号并没有丢失，而仍在保持，操作控制面板 BOP 显示屏显示 ［A0922］故障信息（变频器没有负载）。

分析检修：测量变频器三相输出端无电压输出，将变频器手动停止，再次运行又恢复正常。正常时面板显示的输出电流是 40～60A。过了二十多分钟同样的故障现象出现，这时面板显示的输出电流只有 0.6A 左右，经分析判断是驱动板上的电流检测单元出了问题，用替换法更换驱动板后，变频器上电运行正常。

故障实例 4

故障现象：大型物流公司一台西门子 MM440 系列变频器上电后 AOP 面板仅能存储一组参数。

分析检修：变频器选型手册中介绍 AOP 面板中能存储 10 组参数，但在用 AOP 面板做第二台变频器参数的备份时，显示"存储容量不足"。其解决办法如下。

（1）在菜单中选择"语言"项。

（2）在"语言"项中选择一种不使用的语言。

（3）按 Fn＋A 键选择删除，经提示后，按 P 键确认。

这样，AOP 面板就可以存储 10 组参数。造成这种现象的原因可能是设计时 AOP 面板中的内存不够。

故障实例 5

故障现象：某冶金矿山一台 MM440 型 200kW 变频器，由于负载惯量较大，设备起动时频率上升到 5Hz 左右就再也上不去了，并且报警，显示故障代码 ［F0001］。

分析检修：首先对变频器硬件进行检查，没有发现问题，在对设置的参数作进一步检查，发现参数设置不当，因控制方式采用矢量控制方式，在正确设定电动机的参数，建立电动机模型后，起动变频器运行一切正常。

故障实例 6

故障现象：某啤酒厂变频器充电起动电路故障。

分析检修：一般电压型变频器，采用交—直—交工作方式，即输入为交流电源，经过交流电压三相整流桥整流后变为直流电压，然后直流电压经三相桥式逆变电路变换为调压调频的三相交流电输出到负载。当变频器刚上电时，由于直流侧的平波电容容量较大，充电电流大，通常采用一个起动电阻来限制充电电流。充电完成后，控制电路通过继电器的触点或晶闸管将电阻短路。起动电路故障一般表现为起动电阻烧坏，变频器报警显示为直流母线电压故障。一般设计者在设计变频器的起动电路时，为了减小变频器的体积选择小一些，电阻值在 10～50Ω，功率 10～50W。

当变频器的交流输入电源频繁接通，或者旁路接触器的触点接触不良，以及旁边晶闸管的导通阻值变大时，都会导致起动电阻烧坏。如遇此情况，可购买同规格的电阻更换，同时必须找出引起电阻烧坏的原因。如果故障是由输入侧电源频繁开合引起的，必须消除这种现象才能将变频器投入使用。如果故障是由旁路继电器触点或旁路晶闸管引起的，则必须更换这些器件。

故障实例 7

故障现象：某饮料厂变频器调速系统调试时被控电动机从较高转速减速至零速时失速。

分析检修：变频器在电动机减速时，回馈能量将使其中间直流回路电压升高，通过滤波电容器两端的电阻以热能的形式消耗掉。由于该型号变频器中间直流回路电压的极限只能根据需要进行调节，且在减速过程中中间直流回路电压升至极限值时可以限制回馈电流的大小，以降低制动力矩来保证中间直流回路电压不超过极限值。通过检查，制动电流极限值设定为 100%，中间直流回路电压极限值设定为 115%。在减速过程中，中间直流回路电压已升至极限值，而回馈电流很小。因回馈能量大，中间直流回路电容器两端的电阻功率有限，致使中间直流回路电压迅速升至极限值，制动转矩太小而造成失速。通过调整将制动电流极限值设定为 67% 后，变频器减速功能恢复正常。

故障实例 8

故障现象：某蔗糖厂变频控制的电动机发热，变频器显示 [F0005]（过载）故障信息。

分析检修：对于已经投入运行的变频器，如果出现这种故障，就必须检查负载的状况；对于新安装的变频器，如果出现这种故障，很可能是 U/f 曲线设置不当或电动机参数设置有问题。如一台新装变频器驱动一台变频器电动机，电动机额定参数为 220V/50Hz，而变频器出厂时设置为 380V/50Hz，由于安装人员没有正确设定变频器的 U/f 参数，导致电动机运行一段时间后转子出现磁饱和，致使电动机转速降低，发热而过载。所以在新变频器使用以前，必须设置好该参数。另外，使用变频器的无速度传感器矢量控制方式时，没有正确地设置变频器载波率，载波率过高时也会导致电动机发热过载。最后一种情形是电气设计者设计变频器常常在低频段工作，而没有考虑到低频段工作的电动机散热变差的问题，致使电动机工作一段时间后发热过载。对于这种情况，需加装散热装置。

故障实例 9

故障现象： 某污水处理厂一台 MM440 变频器上电后，操作控制面板显示屏显示 ［F0001］（过电流）故障信息，并跳停。

分析检修： 对于过电流故障应首先区别过电流跳闸是由负载的原因还是由变频器的原因引起的。如通过变频器的故障历史记录查询到跳闸时的电流超过了变频器的额定电流或者电子热继电器的设定值，而三相电压和电流是平衡的，则应考虑是否过载或负载突变，如电动机堵转等。在负载惯性较大的场合，可适当延长加速时间。若跳闸时的电流在变频器的额定电流或者电子热继电器的设定值范围内，可判定 IGBT 模块或相关部分发生故障。

如果是减速时 IGBT 模块过电流或是变频器对地短路跳闸，一般是逆变桥上半桥的模块或驱动电路部分发生故障，而加速时 IGBT 模块过电流则是下半桥的 IGBT 模块或其驱动电路部分发生故障。因故障表现为上电后过电流跳闸，故对下半桥的 IGBT 模块或其驱动电路进行检查。首先通过测量变频器主回路端子输出三相 U、V、W 分别与直流侧的 P、N 端子之间的正、反向电阻来判断 IBGT 模块是否损坏，检查判断 IGBT 模块已损坏。再对驱动电路进行检查，驱动电路工作正常。更换下半桥的 IGBT 模块后，变频器上电后运行正常。

故障实例 10

故障现象： 某物业公司水泵变频器显示 ［F0002］（过电压）故障信息。

分析检修： 变频器出现过电压故障，一般是雷雨天气，雷电压串入变频器的电源中，使变频器直流侧的电压检测器动作而跳闸。在这种情况下，通常只需断开变频器电源 1min 左右，再合上电源，即可复位。另一种情况是变频器驱动大惯性负载，出现过电压现象。这种情况下，变频器的减速停车属于再生制动，在停车过程中变频器的输出频率按线性下降，而负载电动机的转速高于变频器输出频率的同步转速，电动机处于发电状态，机械能转化为电能，并被变频器直流侧的平波电容吸收。当这种能量足够大时，就会产生所谓的"泵升现象"，变频器直流侧的电压会超过直流母线的最大电压而跳闸。对于这种故障，一是将减速时间参数设置长一些或增大制动电阻或增加制动单元，二是将变频器的停止方式设置为自由停车。

故障实例 11

故障现象： 某化工厂硫酸泵两台 5.5kW 电动机，MM440 系列变频器实现同步运转，其中一台 5.5kW 变频器在运行中操作控制面板经常显示［F0011 或 A0511］故障信息，并跳停。

分析检修： 变频器的操作控制面板显示［F0011 或 A0511］故障信息表示电动机过载，脱开电动机皮带，用手盘动电动机设备，没有异常沉重现象，将两台变频器拆机检查发现电流检查电路传感器故障，更换传感器后，变频器上电后运行正常。

故障实例 12

故障现象： 某化工厂包裹油泵电动机变频器，按下电动机运行按钮，变频器显示频率由低到高变化，而电动机却不运转，同时电动机颤动，并发出很大的噪声。检查线路、主线路、控制线路均无连接错误。检测输出电流为 12A，而电动机额定电流为 6.3A，远远大于额定电流。经检查包裹油无凝固、机泵无卡阻现象。在空载情况下起动，电动机正常运转，且调速正常。用手盘车检验负载，并无异常沉重现象。

分析检修： 带载情况下电动机无法正常运转可能是变频器某些参数设定不当引起变频器过载。与电动机起动有关的参数为加速时间和转矩提升水平，如果这两个参数的设置与负载特性不匹配，就会造成电动机不能正常起动运转，加速时间过短，转矩提升水平量过大，都可能引起过电流及电动机过载。从而无法正常运转。

适当延长加速时间，降低转矩提升水平。按起动按钮，电动机正常运转，且调速正常，无失速，同时电动机噪声消失。

使用变频器驱动负载时，一定要注意加速时间转矩提升水平及其参数，过短的加速时间，过高的转矩提升均能导致电动机过载、过电流及噪声过大，甚至发生过电流跳闸。因此在实际使用中，一定要根据负载情况，对变频器参数进行设置，使变频器发挥最佳运行状态。

故障实例 13

故障现象： 某灯泡厂变频器显示［F0001］（过电流）故障信息。

分析检修： 出现这种故障显示时，首先检查加速时间参数是否太短，力矩提升参数是否太大，然后检查负载是否太重。如果无这些现象，可以断开输出侧的电流互感器和直流侧的霍尔电流检测点，复位后运行，看是否出现过电流现象。如果出现的话，很可能是 IPM 模块出现故障。IPM 模块内含有过电压、过电流、欠电压、过载、过热、缺相、短路等保护功能，而这些故障信号都是

第**7**章

变频器的维护与检修

经模块控制引脚的输出 Fn 引脚送到微控制器的。微控制器接收到故障信息后，一方面封锁脉冲输出，另一方面将故障信息显示在面板上。此类故障一般需更换 IPM 模块。

故障实例 14

故障现象：一台 MM440 变频器的操作面板显示［F0001］故障。

分析检修：MM440 变频器通常在使用一段时间后，由于现场环境的原因，如粉尘、腐蚀、潮湿等，会出现上电时报［F0001］故障，按 Fn 键不能复位的现象。［F0001］故障是变频器过电流，结合变频器在没有起动、运行的情况下显示过电流信息，首先将电动机脱开，排除电动机短路、接地故障的可能后，分析可能有以下几点原因。

1）IGBT 损坏。用普通万用表进行静态阻值测量就能大致确定。

2）接插件腐蚀、氧化，接触不好。将变频器上电，并将接插件重新插拔几次，在上电的情况下，一边动一边按 Fn 键，看能否复位，如果偶尔出现过能复位的情况，则极有可能联接插件问题所致。

3）电路板上有元器件损坏。这种情形是在排除以上两种可能的情况下作出的判断，既然是过电流，当然要从电流检测电路单元查起。

按照上述分析，首先检测 IGBT 模块，将负载侧 U、V、W 端的导线拆除，使用二极管测试挡，红表笔接 P，（集电极 C1），黑表笔依次测 U、V、W，万用表显示数值。将表笔反过来，黑表笔接 P，红表笔测 U、V、W，万用表显示数值。再将红表笔接 N（发射极 E2），黑表笔测 U、V、W，万用表显示数值；黑表笔接 P，红表笔测 U、V、W，万用表显示数值。若万用表显示的数值表明各相之间的正、反向特性差别较大，初步判断为 IGBT 模块损坏。更换新的 IGBT 模块后，对驱动电路进行检查正常，变频器上电运行正常。

故障实例 15

故障现象：某矿山新装变频器，电动机转速较低，运转一段时间后电动机因发热而过载。

分析检修：该变频器驱动的是一台变频电动机，电动机额定参数为 220V/50Hz，而变频器出厂时设置为 380V/50Hz。由于安装人员没有设定变频器的电动机参数，导致电动机铁心出现磁饱和，致使电动机转速较低，运行一段时间后电动机发热而过载。更改设置后，运行正常。

故障实例 16

故障现象：某物流公司一台变频器一接通电源就"过电流"跳闸。

分析检修：可能的故障原因如下。

（1）主电路的原因。变频器在发生故障进行保护时，将立即封锁 6 个逆变管。因此，如果空气断路器和快速熔断器都无反应，说明逆变管损坏的可能性较大。

（2）检测和控制电路的原因。如经过检查，逆变管全部正常，则应检查检测电路和控制电路。首先将检测电路和主控板之间的联接插件脱开，重新接通电源，如不再发生"过电流"跳闸。则说明问题在检测电路部分。如果仍然因"过电流"而跳闸，则说明主控板工作不正常。

故障实例 17

故障现象：某化工厂一台变频器故障显示"short circuit"，IGBT 的 U_{CE} 短路。

分析检修：变频器随机手册上的故障信息提示，当 IGBT 在导通时，其 U_{CE} 过高将触发此故障报警信息。带短路保护的 IGBT 的驱动电路能够在被检测 IGBT 的 U_{CE} 值大于门槛值时输出一个故障信号，以一定的方式封锁门极脉冲来保护 IGBT。过电流、短路故障都会造成 IGBT 的 U_{CE} 过高。经检查发现有一只 IGBT 的 C、E 极已击穿。在运行中由于 IGBT 元件自身原因过电压、过电流、IGBT 驱动电路性能不良等，都会使 IGBT 工作在放大区而得不到保护，致使其功率过高造成 IGBT 击穿。在确认 IGBT 驱动电路、现场电缆及电动机正常后，更换损坏的 IGBT，变频器恢复正常。

故障实例 18

故障现象：某小型轧钢厂西门子 MM440 系列变频器故障。

分析检修：一般来说，拿到一台有故障的变频器后，在上电之前首先用万用表检查一下整流桥和 IGBT 模块有没有烧坏，线路板上有没有明显烧损的痕迹。

具体方法是用万用表的 $R \times 1k$ 挡，黑表笔接变频器的直流端的负极，用红表笔分别测量变频器的三相输入端和输出端的电阻，其阻值应该在 $5 \sim 10k\Omega$ 之间，三相阻值要一样，输出的阻值比输入端略小一些，并且没有充放电现象。然后反过来将红表笔接变频器的直流端正极，黑表笔分别测量变频器三相输入端和三相输出的电阻，其阻值应该在 $5 \sim 10k\Omega$ 之间，三相阻值要一样，输出端的阻值比输入端略小一些，并且没有充放电现象。否则，说明模块损坏。这时不能盲目上电，特别在整流桥损坏或线路板上有明显的烧损痕迹的情况下尤其禁止上电，以免造成更大损失。

故障实例 19

故障现象：某冶金烧结厂变频器整流桥二次损坏。

分析检修：在检修修某冶金烧结厂西门子 MM440 变频器时，检查发现整流桥损坏，无其他不良之处，更换后带负载运行良好。不到一月，再次送修变频器。检查时发现整流桥损坏，此时怀疑变频器某处绝缘不好，单独检查电容正常。单独检查逆变模块，无不良症状。检查各个端子与地之间，也未发现绝缘不良问题。再仔细检查，发现直流母线回路端子 P-P1 与 N 之间的塑料绝缘端子有炭化现象，拆开端子查看，果然发现端子炭化已相当严重。从安全角度考虑，更换损坏端子，变频器恢复正常运行。

故障实例 20

故障现象：某磷肥厂 MM440 变频器上电后显示正常，一运行即显示过电流。

分析检修：功能码［F0001］即使空载也一样，一般这种现象说明 IGBT 模块损坏或驱动板有问题，需更换 IGBT 模块并仔细检查驱动部分后才能再次上电，不然可能因为驱动板的问题造成 IGBT 模块再次损坏。这种问题的出现一般是因为变频器多次过载或电源电压波动较大（特别是偏低），使得变频器脉动电流过大，主控板 CPU 来不及反应而未采取保护措施所造成的。

故障实例 21

故障现象：某钢铁厂变频器（MM4—22kW）上电显示正常，一给运行信号就出现［P----］或［----］。

分析检修：经过仔细观察，发现风扇的转速有些不正常，把风扇拔掉又会显示［F0030］，在维修的过程中有时报警较乱，还出现过［F0021F0001A0501］等。在先给了运行信号后，再把风扇接上去就不出现［P----］，但是接一个风扇时，风扇的转速是正常的，输出三相也正常，再接上第二个风扇时风扇的转速明显不正常。于是，分析问题出在电源板上。结果是由开关电源的一路供电滤波电容漏电造成的，换上一个同样规格的合格的电容问题就解决了。

故障实例 22

故障现象：某自来水厂变频器逆变模块损坏。

分析检修：在西门子 MM440 系列变频器中，有时会碰到逆变模块损坏的情况。较常见的现象就是变频器在正常运行中突然失电，导致变频器在重新上电后无法起动电动机，检查逆变模块损坏，原因主要是停电后变频器还在运行指令的控制下，而此时由于电动机所带负载的消耗及变频器自身的消耗导致中间直流电压急剧下降，容易引起 PWM 调制波信号发生变化，导致功率模块损坏。一般在这种情况下，驱动电路是不容易损坏的。更换逆变模块，变频器就能恢复正常运行。碰到此类情况，最好能够在控制电路上采取措施，停电瞬间封锁变频器输出。

故障实例 23

故障现象：某啤酒厂一台 MM440 变频器上电后，操作控制面板屏幕无显示，面板的绿灯不亮，黄灯快闪。

分析检修：根据故障现象说明变频器整流和开关电源工作基本正常，问题可能在开关电源的某一路整流二极管击穿或开路，用万用表测量开关电源的整流二极管，确认故障二极管后更换一个同规格的整流二极管后，变频器上电运行正常。引起这种故障的原因一般是整流二极管的耐压偏低，电源脉冲冲击造成整流二极管击穿。

第 **8** 章

MM440 变频器工程应用实例

8.1 变 频 恒 压 供 水

8.1.1 变频恒压供水的原理

建筑物的供水系统是向建筑物提供生活生产用水。城市管网的水压一般只能保证 6 层楼以下楼房的用水，其余上部各层均需提升水压才能满足用水需求。传统的供水系统如图 8-1 所示，一般采用高位水箱（水塔）或者气压罐式增压设备等，水箱常置于建筑物屋顶的最高处，由于其存水量较大，在屋顶形成很大的负重，有碍建筑物美观，还容易造成二次污染，且投资大，周期长；也可用气压罐代替水塔或高位水箱，利用密闭压力水罐内空气的压力将罐内贮水压送到管网中去，其优点是灵活性大，污染少，不妨碍美观，缺点是需用金属制造，体积和投资大，压力变化大，运行效率低，还需使用张力膜，维护费用高。

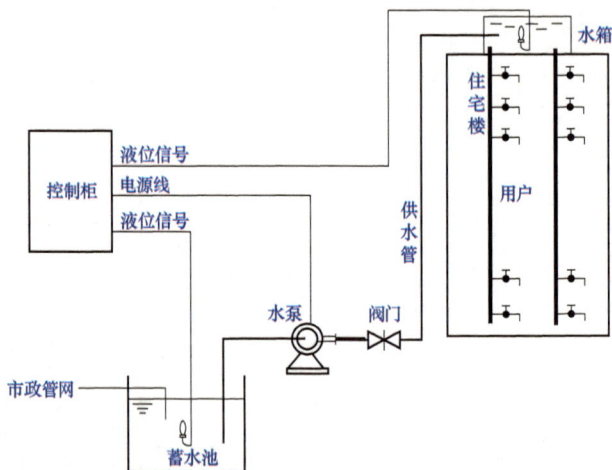

图 8-1 水箱式供水系统示意图

随着交流调速技术的发展，在供水系统中，广泛采用交流电动机变频恒压供水系统，其组成示意图如图 8-2 所示，水泵直接与用户管道对接，压力罐为防止水泵频繁启停而设置，其控制原理如图 8-3 所示。

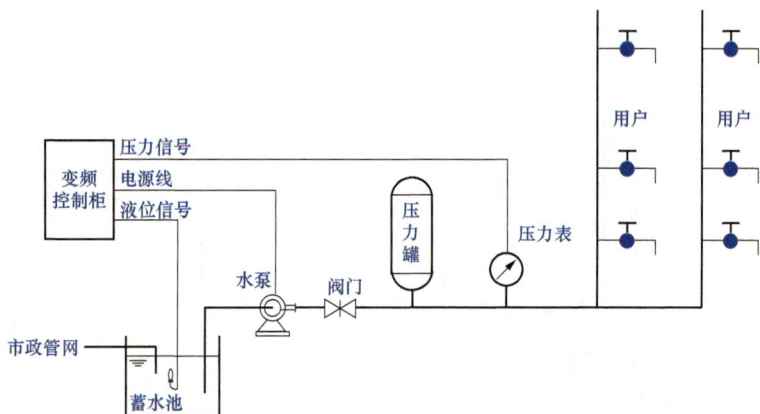

图 8-2 变频恒压供水示意图

　　根据最不利点的工作状况设定水泵出水口的压力 p，p 即为变频恒压供水系统的给定压力值。安装于管道上的压力表将检测到的管网实际压力反馈回来与给定压力作比

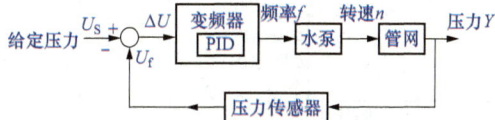

图 8-3 变频恒压供水控制原理图

较，产生的偏差信号经变频器的 PID 调节器运算后，调节输出频率，实现管网的恒压供水。在正常的供水压力范围内，变频供水始终维持水泵出口的压力 p 为设定值。若用户的用水量不变，则变频器恒速运转，系统处于相对稳定的运行状态。若用水量发生变化，当用户用水量减小时，管网实际压力增加，给定压力值与实际管网压力值比较后产生控制信号，使变频器输出频率降低，水泵降速运转，p 值下降，直到管网压力与给定压力相等为止，调节过程如下。

$$Y\uparrow \ \rightarrow U_f\uparrow \ \rightarrow \Delta U(=U_s-U_f)\downarrow \ \rightarrow f\downarrow \ \rightarrow n\downarrow \ \rightarrow Y\downarrow$$

　　反之，当用户用水量加大时，管网实际压力减小，给定压力值与实际管网压力比较后产生控制信号，使变频器输出频率增加，水泵加速运转，p 值增加，直到管网压力与给定压力相等为止，调节过程如下。

$$Y\downarrow \ \rightarrow U_f\downarrow \ \rightarrow \Delta U(=U_s-U_f)\uparrow \ \rightarrow f\uparrow \ \rightarrow n\uparrow \ \rightarrow Y\uparrow$$

8.1.2 控制方案

如图 8-4 所示，是 1 台变频器拖动 3 台水泵的变频恒压供水系统主电路图。

控制电路如图 8-5 所示，PLC 实现信号采集和处理、手动控制和自动控制的切换。PLC 与变频器之间通过 USS 方式通信。

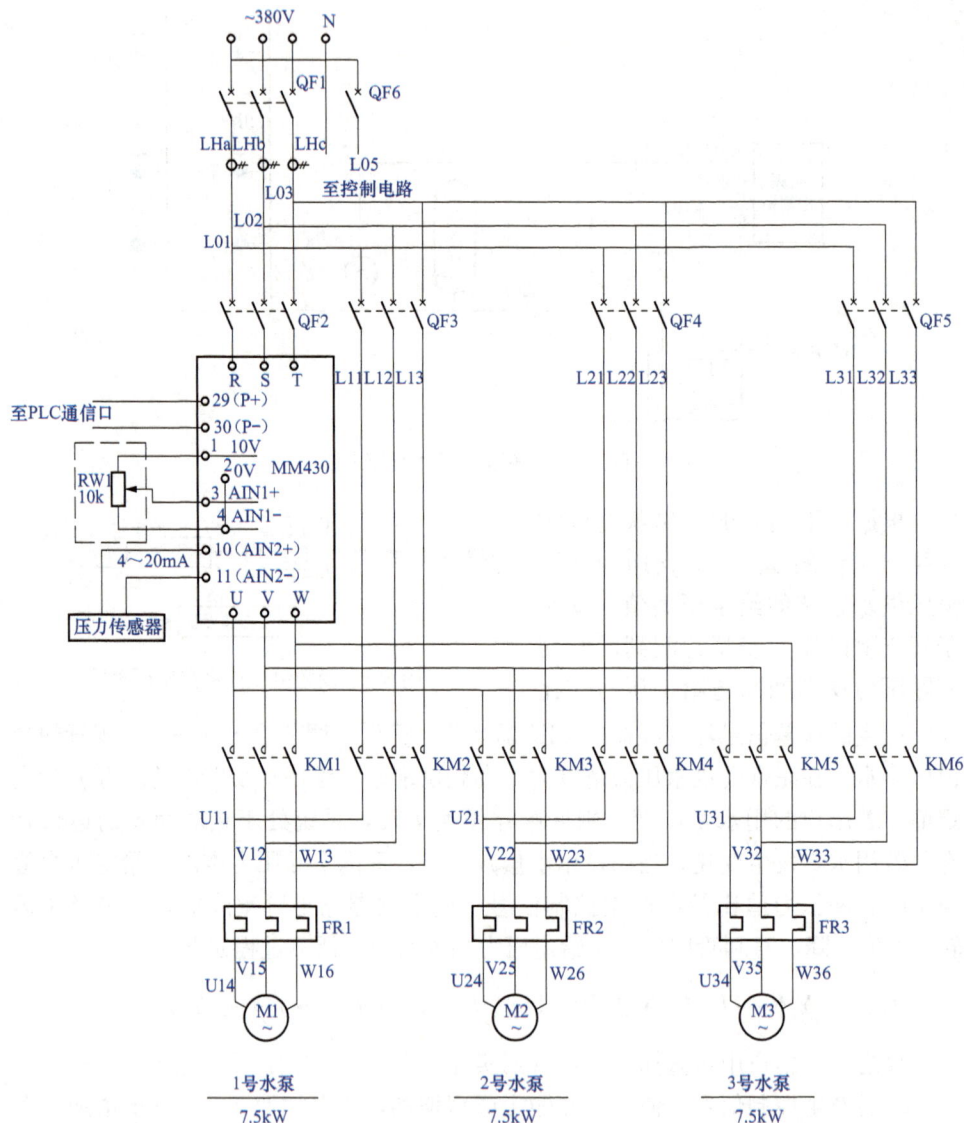

图 8-4   变频恒压供水主电路图

当转换开关转到手动位置时，水泵的起、停和切换通过控制面板上的按钮和开关来实现。SB11、SB12 控制 M1 的工频起停，SB21、SB22 控制 M2 的工频起停，SB31、SB32 控制 M3 的工频起停。

1号水泵控制　2号水泵控制　3号水泵控制　水位报警　消防状态　变频器起停

FR1　FR2　FR3

KM1　KM2　KM3　KM4　KM5　KM6　KA1

KM5　KM1　KM4　KM3　KM6　KM5

N

KM3　KM1　KM1

~220V

KM2　KM5　KM3　HG4　HG5　工作电源 N L05

L05

1L　Q0.0　Q0.1　Q0.2　Q0.3　1L　Q0.4　Q0.5　Q0.6　3L　Q0.7　Q1.0　N　L1

至变频器通信端　3　8

CPU226 PLC

1M　I0.0　I0.1　I0.2　I0.3　I0.4　I0.5　I0.6　I0.7　2M　I1.0　I1.1　I1.2　I1.3　I1.4　M　L+

DC24V−　手动　自动　SB01　SB02　SB11　SB12　SB21　SB22　SB31　SB32　RL1　SL　KA2

SA1

DC24V+

| 手自动控制转换 | 自动起动 | 自动停止 | 1号水泵手动起动 | 1号水泵手动停止 | 2号水泵手动起动 | 2号水泵手动停止 | 3号水泵手动起动 | 3号水泵手动停止 | 变频器故障 | 水位 | 消防 |

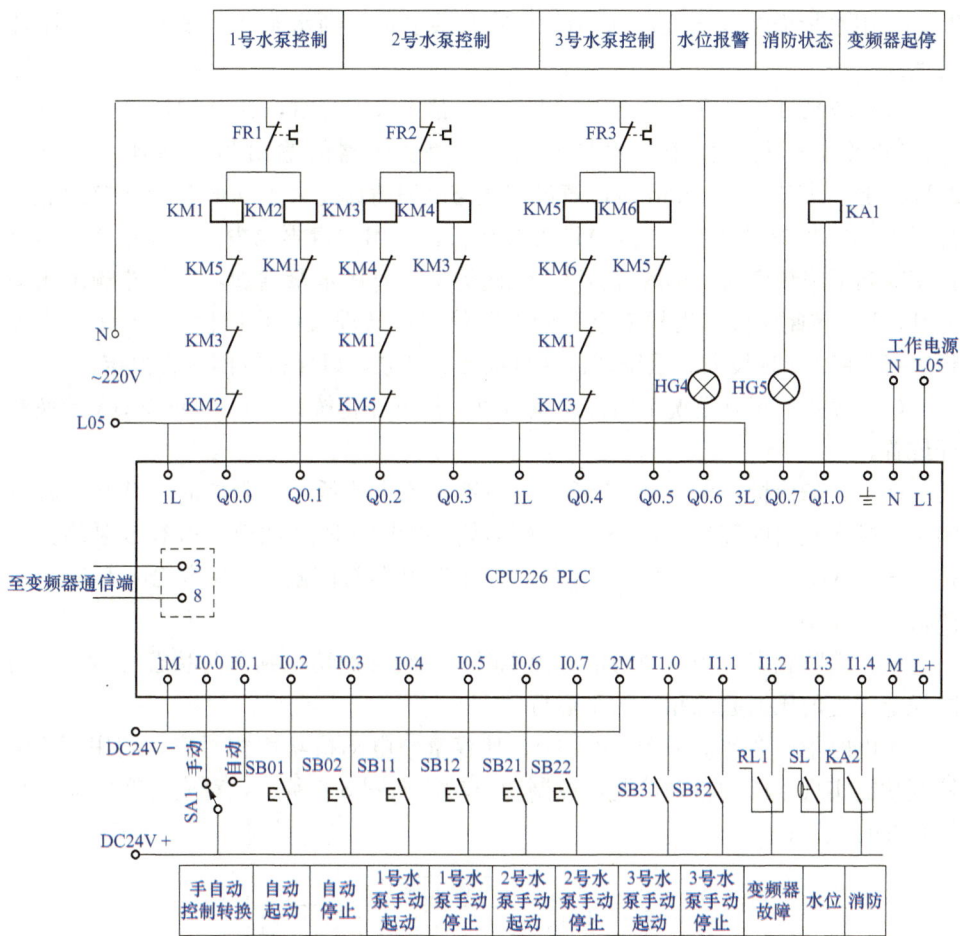

图 8-5　变频恒压供水控制电路图

当转换开关转到自动位置时，系统处于 PLC 智能控制状态。按下起动按钮 SB01，自动运行开始，M1 水泵变频起动。起动频率由 2Hz 逐渐增加，M1 转速逐渐增高，水泵输出压力随之上升。当变频器的频率加速到设定的下限频率 25Hz 时，M1 进入 PID 调节控制，即水的压力通过压力传感器转换成电信号，反馈到变频器与设定压力相比较，再经 PID 调节，使变频器的输出频率随用水量自动增减，水泵转速随用水量自动增减，保持了水压的恒定。

（1）加泵过程。若用水量大于 M1 的最大供水量，输出频率增加，达到上限频率 50Hz，且这一状态持续 2min，设定值与反馈值之差大于 0.1%，则将进行加泵。M1 切换到工频运行，水泵 M2 投入运行，从起动频率开始加速，当变频器输出频率达到下限频率时，进入 PID 调节控制。若 M2 达到上限频率并持续

2min，用水量仍然大于变频泵 M2 的最大供水量，则水泵 M3 投入运行，原理同上。

（2）减泵过程。在水泵 M1、M2、M3 都投入运行时，其中 M1、M2 工频运行，M3 变频运行。由于用水量的减少，使变频器的输出频率降到下限频率 25Hz，这一状态持续 2min 后，若设定值与反馈值偏差大于 0.1％，将进行减泵，脱开 M1。M2 继续工频运行，M3 变频运行，若用水量再减少，变频泵 M3 运行频率降到下限频率时，则脱开 M2，依此类推。若用水量增加，变频器输出频率上升，M3 转速加快，当频率上升到上限值时，又进入加泵过程。M3 切换为工频运行，M2 变频投入。系统就这样自动加、减泵，以保持管网压力恒定。

（3）停止。正常情况下需停止运行时，按下停止按钮 SB02，再将 SA 转换断开位置。

（4）故障保护。SL 为水位开关，当蓄水池水位低于下限位时，其常开触点闭合，或变频器内部出现故障，变频器故障输出端 RL1 闭合，所有水泵停止运行。水泵 M1～M3 中任何一台过载时，热继电器常闭触点 FR 断合，相应水泵停机。

（5）消防状态。当有消防信号出现时，系统强制切换到消防状态运行，按消防规范规定的压力起动相应的泵运行。

主电路中，变频器采用 MM430，其容量与电动机功率相对应，利用其 PID 控制功能实现水压的自动控制，控制功能功能如图 8-6 所示，对应的变频器参数见表 8-1。

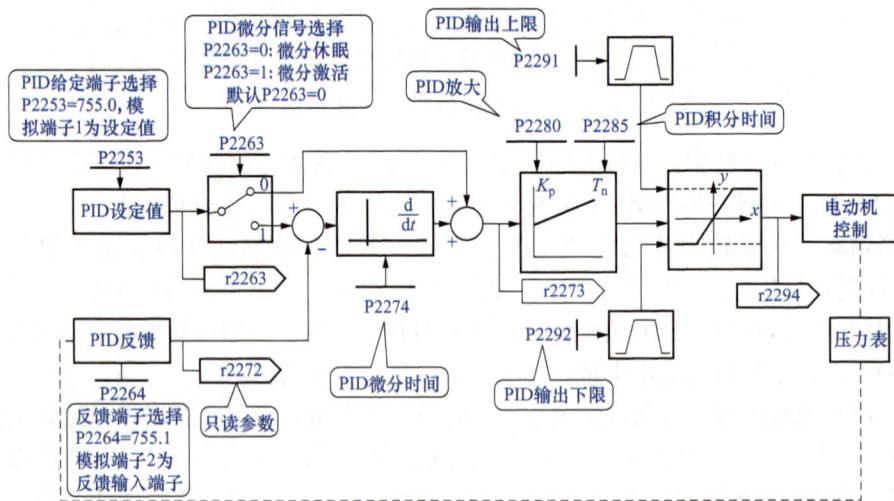

图 8-6　变频器 PID 控制功能图

表 8-1 变频恒压供水变频器参数

参数类	参数号	设定值	说　明
参数复位	P0003	1	参数访问级 1
	P0010	30	调试参数过滤器，出厂设置
	P0970	1	工厂复位，将参数恢复为出厂设定值
电动机额定参数	P0003	3	参数访问级 3，专家级
	P0010	1	调试参数过滤器，快速调试状态
	P0304	380	电动机额定电压（V）
	P0305	14.8	电动机额定电流（A）
	P0307	7.5	电动机额定功率（kW）
	P0310	50	电动机额定频率（Hz）
	P0311	1470	动机额定转速（r/min）
其他参数	P1080	25	变频器最低输出频率（Hz）
	P1082	50	变频器最高输出频率（Hz）
	P0731	52.3	数字输出继电器 1 为故障监控
USS 通信	P0700	5	设置为远程控制模式，从 USS 通信接口控制
	P1000	5	从 USS 通信接口设定频率
	P2009	0	设置 USS 标准化
	P2010（0）	6	设置通信速率，6 为 9600bps
	P2011	1	变频器地址
PID 功能	P2200	1	PID 功能开启
	P2253	755.0	模拟输入 1 为 PID 给定
	P2240	60	PID 给定值/%
	P2264	755.1	模拟输入 2 为 PID 反馈
	P0756（1）	0	反馈信号为 0～10V 电压信号
	P2280	5	PID 比例常数
	P2285	2	PID 积分常数
	P2274	7	PID 微分常数

8.1.3　变频恒压供水的节能效果

传统水箱供水系统在设计供水系统时，由于对用户的管路情况预测不准，管阻特性难以准确计算，因此对水泵的容量选型时往往留有较大裕量。在实际的运行过程中，水泵恒速运转，采用阀门来调节流量，即使在用水流量的高峰期，电动机也常常处于轻载状态，其效率和功率因数都较低。采用变频恒压供水后，水泵的转速随用水量而变化。水泵转速变化后，水泵的能耗有何变化呢？

对于水泵，流量 Q、扬程 H、转速 n、轴功率 P 和效率 η 共同表达了泵的规格和特性，它们之间的特性关系如图 8-7 所示。当转速从 n_1 变为 n_2 时，根据泵的比例定律，变速前后的流量 Q、扬程 H、轴功率 P 的关系如下。

$$Q_2 = Q_1 \times (n_2/n_1)$$
$$H_2 = H_1 \times (n_2/n_1)^2$$
$$P_2 = P_1 \times (n_2/n_1)^3$$

式中　Q_1，H_1，P_1 ——泵在转速 n_1 的流量，扬程，功率；

　　　　Q_2，H_2，P_2 ——泵在转速 n_2 时流量，扬程，功率。

由此可看出，流量与转速成正比，压力与转速平方成正比，轴功率与转速立方成正比。泵的转速降低，轴功率降低，消耗的电能减少，图 8-8 表示了转速与功率的关系，其节电比率见表 8-2。因此相对工频泵无塔供水系统而言，变频恒压供水系统具有节能的效果。

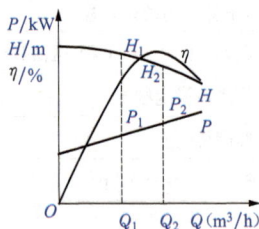

图 8-7　水泵的特性曲线

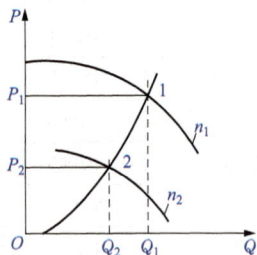

图 8-8　恒压供水系统中转速与功率关系图

表 8-2　　　　　　　　　　变频供水的节电率

流　量	1.0	0.9	0.8	0.7	0.6	0.5
转速	1.0	0.9	0.8	0.7	0.6	0.5
压力	1.0	0.81	0.64	0.49	0.36	0.25
电机功率	1.0	0.73	0.51	0.34	0.22	0.13
节电率（%）	0	0.27	0.49	0.66	0.78	0.87

8.2　变频器在起重机上的运用

进入 21 世纪以来，大工业的控制时代，在工业企业各个行业运用极为广泛。特别是变频器的诞生，给工业控制的调速控制与节能降耗提供了极为可靠的便捷手段，包括变频器在起重机，特别是大吨位的起重机上应用也十分广泛。由于起重机负载特性的特殊性以及安全使用的要求，对变频调速的性能要求极高。本案例讲述 MM440 系列变频器在大吨位起重机中的应用。

8.2.1 起重机械工艺要求

某大型工业园物流公司 125/15t 桥式起重机，其技术数据如下。

（1）载重量。

主钩，125t，载荷比例分别为空钩 17％，负载为 62.1％、106％、125％ 的额定负载。

副钩，15t，载荷比例分别为空钩 30.6％，负载为 62％、92％、123％ 的额定负载。

（2）提升速度。

主钩，1.8/0.18m/min，配置 1～3 挡，对应 10％、60％、100％ 的额定转速。加、减速时间为 3～6s。

副钩，0.732/7.23m/min，配置 1～3 挡，对应 10％、60％、100％ 的额定转速。加、减速时为 3～6s。

（3）桥架运行速度：大车 23.5/4m/min，小车 12.3/3m/min，分为 1～4 挡，加、减速时间为 3～6s。

根据起重机电动机驱动特性和工艺技术要求，对变频器的性能有以下要求。

（1）变频器应具有矢量控制功能，以满足起重机对转矩的要求。

（2）转矩到位信号记忆功能。从起重机安全运行规范出发，为了确保提升机构安全可靠地运行，提升电动机在起动时必须保证变频器在输出转矩达到负载转矩或大于负载转矩时，才能打开抱闸。制动时，系统速度已经在低速状态下运行，变频器能够在正常状态下输出负载转矩，因此，变频器必须具有转矩到位信号反馈控制或转矩记忆功能，以有效避免提升机构失控、溜钩。

（3）软化电动机特性曲线。起重机变频调速驱动系统具有软化电动机特性曲线功能，以避免多台电动机同时驱动起重机这一刚性机构时，由于电动机的特性差异造成的负载失衡，导致起重机提升机构或行走机构单机过载而造成偏重或走偏现象，同时消除了不必要的能量损耗。

（4）加、减速 S 特性。变频器具有加、减速 S 特性，该特性能使起重电动机平滑起动，以降低由于不合理的机械装配间隙的存在，引起传动机构出现起动时机械冲击力和机械振动，避免常规起重机起动时的机械冲击，增加起重机的安全性和正常使用寿命。

（5）制动性能。起重机的吊钩、大、小车本身的运行惯性比较大，为防止电动机被倒拖而处于发电状态时产生过电压，变频器均应配备制动单元和制动电阻来释放能量。

8.2.2 电气控制方案

起重机主钩、副钩、小车各配置1台电动机、大车配置2台电动机，均由变频器驱动，表8-3为起重机电动机和变频器配置表。由于主钩、副钩在下放重物时，电动机持续在制动工作状态，因此变频器的容量选择应适当放大。起重机电气控制系统采用S7-200系列PLC进行控制，图8-9给出变频器的控制电路图，副钩、大车、小车的控制电路相似。在控制电路中，PLC提供速度控制逻辑信号，由变频器实现速度控制，按起重机工艺要求分别对主钩、副钩、大车行车机构、小车行车机构控制的变频器设置参数。

表 8-3　　　　　　　　　　　起重机电动机和变频器配置

设　备	MM440 变频器容量（kW）	电动机容量（kW）	备　注
主钩	55	YTSP280M—8—45	变频电动机
副钩	30	YZSP200L2—6—22	变频电动机
大车	30	YZ160M2—6×2—2×7.5	普通电动机
小车	7.5	YZ160L—8—7.5	普通电动机

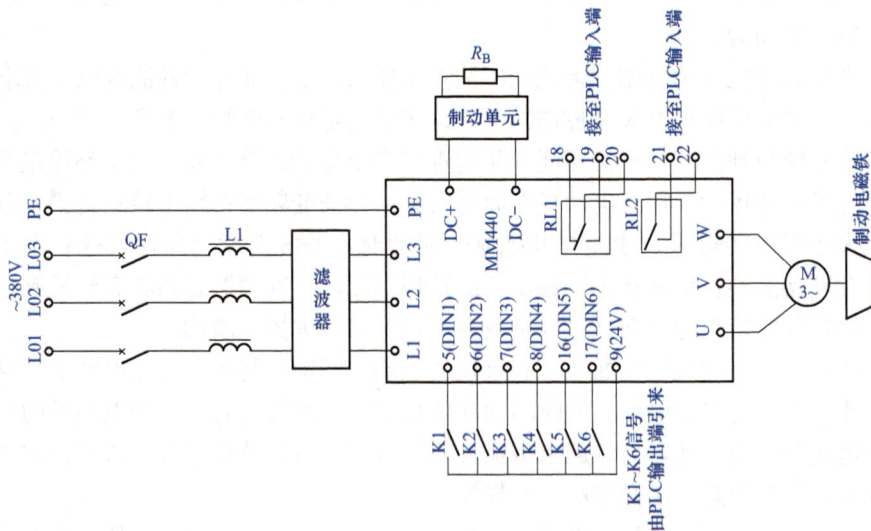

图 8-9　起重机电气控制原理图

1. 主钩变频器参数设置

主钩载重量为125t，载荷比例分别为空钩17%，负载为62.1%、106%、125%的额定负载，根据运行速度的工艺要求可配置为1～3挡，对应10%、60%、100%的额定转速，加、减速时间的工艺要求为3～6s。表8-4为主钩变频器参数设置表。

表 8-4 主钩变频器参数设置

参数号	参数值	说　明
P0100	0	功率单位为 kW，频率为 50Hz
P0300	1	电动机类型选择
P0304	400	电动机额定电压设定（V）
P0305	90	电动机额定电流设定（A）
P0307	45	电动机额定功率设定（kW）
P0308	0.82	电动机额定功率因素设定
P0309	0.9	电动机效率设定
P0310	50	电动机额定频率设定（Hz）
P0311	750	电动机额定转速设定（r/min）
P0700	2	变频器通过数字输入端控制起停
P1000	3	变频器频率设定值来源于固定频率
P1080	2	电动机运行的最小频率（制动单元开始工作）
P1082	50	电动机运行的最大频率
P1216	0.5	最小频率起动时电机制动器释放延时 0.5s
P1121	3	斜坡下降时间（s）
P1130	0.7	斜坡平滑时间（s）
P1132	0.7	斜坡平滑时间（s）
P1133	0.7	斜坡平滑时间（s）
P1215	1	电动机制动单元回路使能
P0701	16	选择固定频率 1 运行
P0702	16	选择固定频率 2 运行
P0703	16	选择固定频率 3 运行
P1001	5	固定频率 1，5Hz
P1002	30	固定频率 2，30Hz
P1003	50	固定频率 3，50Hz
P0705	25	控制直流制动使能
P0730	52.3	变频器故障指示
P0732	52.0	电动机制动器动作
P1300	20	选择变频器的运行方式，无速反馈矢量控制
P1120	3	斜坡上升时间（s）
P1217	1	停车前最小频率时电机制动器保持延时 1s
P3900	3	结束快速调试

2. 副钩变频器参数设置

副钩载重量为 15t，载荷比例分别为空钩 30.6%，负载为 62%、92%、123%的额定负载，根据运行速度的工艺要求可配置为 1～3 挡，对应 10%、

60%、100%的额定转速，加、减速时间的工艺要求为 3～6s。表 8-5 为副钩变频器参数设置表。

表 8-5 副钩变频器参数设置

参数号	参数值	说 明
P0100	0	功率单位为 kW，频率为 50Hz
P0300	1	电动机类型选择
P0304	400	电动机额定电压设定（V）
P0305	44	电动机额定电流设定（A）
P0307	22	电动机额定功率设定（kW）
P0308	0.82	电动机额定功率因素设定
P0309	0.9	电动机效率设定
P0310	50	电动机额定频率设定（Hz）
P0311	750	电动机额定转速设定（r/min）
P0700	2	变频器通过数字输入端控制起停
P1000	3	变频器频率设定值来源于固定频率
P1080	2	电动机运行的最小频率（制动单元开始工作）
P1082	50	电动机运行的最大频率
P1216	0.5	最小频率起动时电动机制动器释放延时 0.5（s）
P1121	3	斜坡下降时间（s）
P1130	0.7	斜坡平滑时间（s）
P1132	0.7	斜坡平滑时间（s）
P1133	0.7	斜坡平滑时间（s）
P1215	1	电动机制动单元回路使能
P0701	16	选择固定频率 1 运行
P0702	16	选择固定频率 2 运行
P0703	16	选择固定频率 3 运行
P1001	5	固定频率 1，5Hz
P1002	30	固定频率 2，30Hz
P1003	50	固定频率 3，50Hz
P0705	25	控制直流制动使能
P0730	52.3	变频器故障指示
P0732	52.0	电动机制动器动作
P1300	20	选择变频器的控制方式，无速度反馈矢量控制
P1120	3	斜坡上升时间（s）
P1217	1	停车前最小频率时电机制动器保持延时 1s
P3900	3	结束快速调试

3. 大车行走机构变频器参数设置

大车变频器应输入 2 台电动机的总电流和总功率。根据变频器运行的线性频率/电压特性，大车运行设置速度为 1～4 挡，1～4 挡速度变化采用固定频率设定，1 挡＝5Hz，2 挡＝10Hz，3 挡＝25Hz，4 挡＝50Hz。根据挡位的不同，其输出频率是各个固定频率的叠加，同时，利用变频器的制动控制单元回路来控制机械制动器，使大车行走机构在电动机停止工作时不会由于外力推动而随意移动，以达到大车行走机构准确定位停车的目的。表 8-6 为大车行走机构变频器参数设置表。

表 8-6 　　　　　　　　　　大车行走机构变频器参数设置

参数号	参数值	说　明
P0100	0	功率单位为 kW，频率为 50Hz
P0300	1	电动机类型选择
P0304	400	电动机额定电压设定（V）
P0305	15×2	电动机额定电流设定（A）
P0307	7.5×2	电动机额定功率设定（kW）
P0308	0.82	电动机额定功率因素设定
P0309	0.9	电动机效率设定
P0310	50	电动机额定频率设定（Hz）
P0311	750	电动机额定转速设定（r/min）
P0700	2	变频器通过数字输入端控制起停
P1000	3	变频器频率设定值来源于固定频率
P1080	2	电动机运行的最小频率（制动单元开始工作）
P1082	50	电动机运行的最大频率
P1216	0.5	最小频率起动时电机制动器释放延时 0.5s
P1121	3	斜坡下降时间（s）
P1130	0.7	斜坡平滑时间（s）
P1132	0.7	斜坡平滑时间（s）
P1133	0.7	斜坡平滑时间（s）
P1215	1	电动机制动单元回路使能
P0701	16	选择固定频率 1 运行
P0702	16	选择固定频率 2 运行
P0703	16	选择固定频率 3 运行
P1001	5	固定频率 1，5Hz
P1002	10	固定频率 2，10Hz
P1003	25	固定频率 3，25Hz
P1004	50	固定频率 4，50Hz
P0705	25	控制直流制动使能
P0730	52.3	变频器故障指示
P0732	52.0	电动机制动器动作

参数号	参数值	说　明
P1300	20	选择变频器的控制方式，无速度反馈矢量控制
P1120	3	斜坡上升时间（s）
P1217	1	停车前最小频率时电机制动器保持延时 1s
P3900	3	结束快速调试

4. 小车行走机构

小车行走机构只控制一台电动机，其参数设置和控制挡位与大车完全相同，因此在参数设置上只需将表 8-6 中的电动机参数设置为小车电动机参数设置即可。

由于变频器采用的是高性能矢量控制，系统可以快速、平稳、准确的运行。采用变频器驱动的起重机，机械系统的运行噪音大大降低。S 曲线的设定保证了起重机各挡工作频率能够平滑操作，提高了起重物件的稳定性。同时，MM440 变频器的高力矩输出和过载能力保证了起重机械可靠、无跳闸运行，也大大减少了起重机械的维护检修工作量。

8.2.3　荷载调试

根据起重机工艺运行工况，为了确保 125/15t 主辅起升机构完全达到工艺配置设计要求，进行了提升机模拟负载试验。

1. 主钩起升机构

主钩载重量 125t，载荷分别为空钩 17%、负载为 62.1%、106%、125% 的额定负载，变频调速分为 3 挡，分别为额定转速的 10%、60% 和 100%，表示为 I 挡：$10\%n_e$、II 挡：$60\%n_e$、III 挡：$100\%n_e$，其调试数据见表 8-7。

表 8-7　　　　　　　　　　　　主钩荷载调试数据

工作状态	负　载	挡　位	频率（Hz）	实际转速（r/min）	电流（A）	溜钩距离（mm）
上升	17.8%	I	5	75	37	14/6
		II	30	450	38.2	24/6
		III	50	750	37~40	38/6
	62.1%	I	5	74	69~72	14/6
		II	30	450	65~66	26/6
		III	50	751	65~67	40/6
	106%	I	5	75	69.4	14/6
		II	30	450	69.5	28/6
		III	50	750	69.4	44/6
	125%	I、II、III	5、30、50	—	98	—

西门子变频器技术及应用

工作状态	负载	挡位	频率（Hz）	实际转速（r/min）	电流（A）	溜钩距离（mm）
下降	17.8％	Ⅰ	5	75	36	16/6
		Ⅱ	30	450	36.5	28/6
		Ⅲ	50	750	36.5	40/6
	62.1％	Ⅰ	5	75	39～42	16/6
		Ⅱ	30	450	42	30/6
		Ⅲ	50	750	39～41	42/6
	106％	Ⅰ	5	75	69.4	16/6
		Ⅱ	30	450	69.5	32/6
		Ⅲ	50	750	69.4	46/6
	125％	Ⅰ、Ⅱ、Ⅲ	5、30、50	—	72	—

2. 副钩提升机构

副钩载重量15t，载荷分别为空钩30.6％、负载为62％、92％、123％的额定负载，变频调速分为3挡，分别为额定转速的10％、60％和100％，表示为Ⅰ挡：10％n_e、Ⅱ挡：60％n_e、Ⅲ挡：100％n_e，其调试数据见表8-8。

表8-8　　　　副钩荷载调试数据

工作状态	负载	挡位	频率（Hz）	实际转速（r/min）	电流（A）
上升	30％	Ⅰ	5	75	25
		Ⅱ	30	450	24.1
		Ⅲ	50	749	23.7
	62％	Ⅰ	5	74	31.5
		Ⅱ	30	450	31.7
		Ⅲ	50	750	32
	92％	Ⅰ	5	75	39.2
		Ⅱ	30	450	39.5
		Ⅲ	50	750	42.5
	123％	Ⅰ、Ⅱ、Ⅲ	5、30、50	—	43.8
下降	30％	Ⅰ	5	75	21.5
		Ⅱ	30	450	22.5
		Ⅲ	50	749	23
	62％	Ⅰ	5	74	24.2
		Ⅱ	30	450	25.1
		Ⅲ	50	750	25.8
	92％	Ⅰ	5	75	26.1
		Ⅱ	30	450	27.5
		Ⅲ	50	750	30
	123％	Ⅰ、Ⅱ、Ⅲ	5、30、50	750	31

第8章 MM440变频器工程应用实例

191

试验结果表明，变频器驱动的起重机系统，各项技术数据均优于其他调速方案，各项技术指标均达到工艺配置设计要求。例如在不同负载情况下能迅速准确地移动和定位，具有良好的平滑低速性能，因此不但提高了起重机的工作效率，而且节能效果明显。

磷酸二铵是一种含氮、磷二种营养元素的二元高效复合肥，它既可作基肥，又可作追肥，既适用于旱地作物，也适用于水田作物，酸性土壤可用，碱性土壤也可用，对各种农作物均有显著的增产效果，并且比同等养分的单体氮肥和磷肥增产幅度大，因此，磷酸二铵（DAP）被广泛用于农业生产。

磷酸二铵（DAP）造粒系统是化肥生产的一个工艺流程，其主要是将预中和槽中的料浆和液氨生产装置的液氨用液体输送泵共同输送至造粒机内的管式反应器，经加压喷洒到造粒机内壁的橡胶河床上。在造粒系统中预中和槽的料浆流量和液氨输送泵的压力控制至关重要，特别是液氨输送泵的压力指标，要根据造粒品质随时补充或削减液氨供给量。变频器在液氨控制系统中必须根据生产工艺所需的预中和槽的料浆流量和液氨压力来适时动态调节电动机速度，以实现控制预中和槽的料浆流量和液氨压力，达到节能降耗，提高产品质量的目的。液氨和料浆混合造粒系统工艺流程如图 8-10 所示。配备液氨加压泵 2 台，1 用 1 备，预中和槽的料浆泵 2 台，1 用 1 备。生产工艺对控制要求如下。

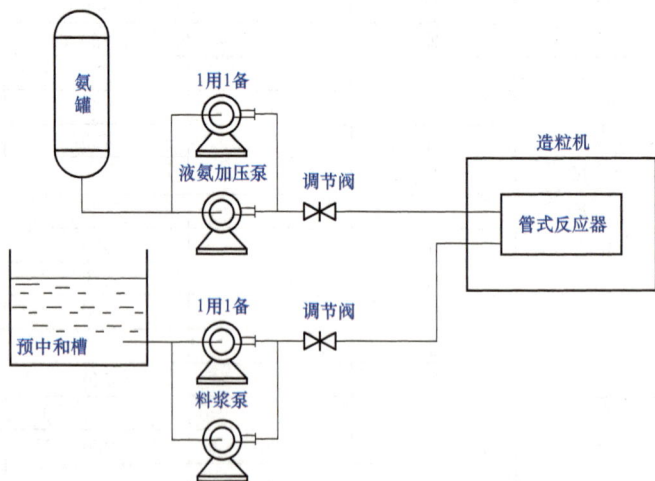

图 8-10　磷酸二铵（DAP）造粒系统工艺流程框图

（1）根据工艺要求，两台泵分别以调速和恒速运行，为确保生产的可靠性，变频器只能作为一台电动机的变频电源，即采用一拖一的供电控制方式。

（2）预中和槽的料浆泵采用电磁流量计的流量控制，液氨加压泵采取压力变送器的压力控制。

（3）两台泵运行工作时，须确保连锁控制，以免出现预中和槽料浆泵工作而液氨加压泵不工作导致造粒机出口堵料而停产。

（4）为确保上述工艺要求的实现，控制、保护、检测单元全集中于一个控制柜内。

8.3.1 控制原理

磷酸二铵（DAP）化肥生产造粒系统控制原理如图 8-11 所示，以液氨加压泵为例说明其控制过程。液氨加压泵的管压值由 DCS 系统根据工艺给出，以 4～20mA 电流信号加到变频器模拟输入端 AIN2。管道压力通过压力变送器转换为 4～20mA 电流信号反馈到模拟输入端 AIN1，经过 PID 控制，保证管道压力恒定，以确保造粒产品质量。图 8-12 为液氨加压泵电气控制原理图。

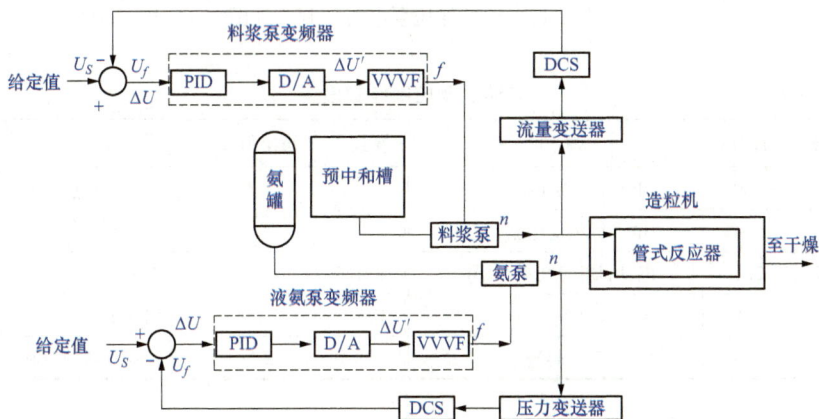

图 8-11　磷酸二铵（DAP）化肥生产造粒系统控制原理图

8.3.2 变频器的主要参数设置

在液氨加压泵的工艺设计中，液氨加压泵为 5.5kW 的三相异步电动机，根据电机铭牌数据和控制要求，变频器的参数设置如下。

1. 电动机及控制参数设置

根据工艺设计，其电动机及控制参数设置见表 8-9。

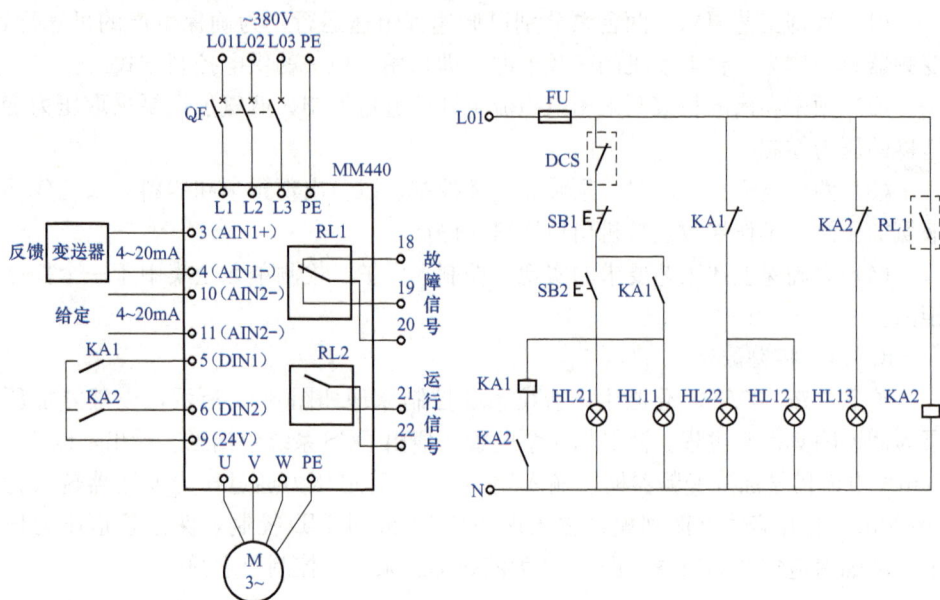

图 8-12　液氨加压泵电气控制原理图

表 8-9　　　　　　　　　　　　　　**电动机及控制参数设置**

参数号	设定值	说　明	参数号	设定值	说　明
P0304	380	电动机额定电压（V）	P1082	50	电动机运行的最大运行频率（Hz）
P0305	12.65	电动机额定电流（A）			
P0307	5.5	电动机额定功率（kW）	P1120	10	斜坡上升时间（s）
P0310	50	电动机额定频率（Hz）	P1121	10	斜坡下降时间（s）
P0311	2180	电动机额定转速（r/min）	P1300	2	选择变频器的控制方式

2. 模拟量 I/O 参数

根据工艺控制要求，模拟量 I/O 参数设置见表 8-10。

表 8-10　　　　　　　　　　　　　　**模拟量 I/O 参数设置**

参数号	设定值	说　明	参数号	设定值	说　明
P0756.0	2	定义模拟输入 AIN1 类型并使能模拟输入监控功能：2 为单极性电流输入（0~20mA）	P0756.1	4	定义模拟输入 AIN2 类型并使能模拟输入监控功能：4 为双极性电压输入（-10~10V）

参数号	设定值	说　明	参数号	设定值	说　明
P0757.1	0	标定 AIN2 的 x1 值（V/mA）	P1000	7	通过 COM 链路的 CB 选择固定频率设定
P0761.0	0	标定 AIN1 的 y2 值			

3. 数字量 I/O 参数

根据控制系统的开关量信号来设定数字量 I/O 参数，数字量 I/O 参数设置见表 8-11。

表 8-11　　　　　　　　　　数字量 I/O 参数设置

参数号	设定值	说　明	参数号	设定值	说　明
P0700	2	变频器启停由数字输入端控制	P0731	52.3	数字输出继电器1，变频器故障监控
P0701	1	数字输入1接通正转，OFF 停止	P0732	52.2	数字输出继电器1，变频器运行监控

4. 生产过程工艺参数的控制器 PID 参数

MM 440 系列变频器带有一个 PID 控制调节器，当参数 P2200 设定 1 时，PID 调节器使能。PID 调节器将调节输出频率使 PID 调节器设定值和反馈值的偏差减少，通过不断比较—反馈—给定来确定电动机所需的频率。生产过程工艺参数控制器 PID 参数设置见表 8-12。

表 8-12　　　　　　　　　　PID 参数设置

参数号	设定值	说　明	参数号	设定值	说　明
P2200	1	PID 控制功能有效	P2265	0.3	PID 反馈信号滤波设定
P2253	755.1	PID 设定值信号源	P2270	0	不用 PID 反馈器的数学模型
P2257	1.00	PID 设定值的斜坡上升时间	P2271	0	PID 传感器的反馈形式正常
P2258	1.0	PID 设定值的斜坡下降时间	P2274	0	PID 微分时间
P2261	0.2	PID 滤波设定	P2280	3	PID 比例增益系数
P2264	755.0	PID 反馈信号由 AIN1 模拟输入设定	P2285	0.4	PID 积分时间

5. PID 回路调试

在确定外置 PID 回路无误的情况下，完成快速调试和电动机参数自动识别后，确定 PID 参数设置尚未有效之前，即 P2200 尚未设置之前，必须先带负载进行开环小给定运行，此时，注意电动机和负载是否正常，标定的反馈模拟量输入通道系数和极性是否正确。

（1）P参数的设置。确定PID参数设置有效，即参数P2200设置为1，将I积分参数P2258设置为0。再观察流量计或压力变送器以及输出频率的同时，缓慢地从小到大调整P比例参数P2280的值。在调整过程中，比例参数值以阶梯式的形式逐级加大，每加大一级，均需观察变频器是否达到稳态，变频器稳定运行时，流量或压力是否出现浪涌波动和振荡。如若出现，则采取措施降低阶梯式比例参数的级差，缩小设置比例参数P2280的值反复调试，直至变频器稳定运行时流量或压力所出现浪涌波动和振荡在一定的可控区间为止。

（2）I参数的设置。根据上述P参数的设置调试过程来进行I参数的设置调试。在观察流量计或压力表以及输出频率的同时，缓慢地从小到大调整I参数P2285的值。

注意：先将流量压力给定的PID值设定在一个预定值，确保变频器运行频率小于40Hz的情况下，再进行上述调整。在调整PID调节器PI参数时，不要进行电动机切换操作。待PI参数完成调整后，再将流量压力给定设置到正常需要值，以完成电动机分级切换程序的调整。

8.3.3　变频器在使用时的注意事项

（1）液体输送泵流量压力转速比的调节范围不宜过大，特别是转速。通常转速调节不低于额定转速的50%。当转速低于额定转速的50%时，输送泵本身的效率明显下降。在压力流量调节变化时进行频率调节，应避开液体输送泵的机械共振频率，否则将会由于液体输送泵的机械共振而损坏泵机组。

（2）由于变频器驱动异步电动机时，因高次谐波分量的影响而产生噪声。可以在变频器的输出端安装电抗器，阻抗大小为回路总阻抗的3%～4%，以补偿异步电动机在驱动运行时所产生的高次谐波分量，降低噪声5～10dB。

（3）由于变频器驱动运行异步电动机时，电动机长期低速运行或在工艺要求下动态变速运行，电动机本身的冷却风扇能力下降，致使电动机温升增高，应采取必要措施限制负载或减少动态变速运行或减少运行时间等，以确保变频器的正常使用寿命。

（4）低压配电室或变频器室的环境温度应低于35℃，当环境温度应高于35℃时，变频器的功能模块性能变差，尤其是长期运行的液体输送泵，可能会导致变频器的功能模块损坏。

（5）变频器容量的选择要与异步电动机容量相匹配，最好是考虑提高变频器容量1～2个容量规格档次。尤其是长期运行在工作环境温度高、长年连续运行或长期动态变速运行的液体输送泵更应该如此。

8.3.4　经济分析

（1）使用变频器后，液体输送泵电动机的额定工作电流将在原来的相对恒定状态的额度值范围内，根据液体的比重情况会降低 30％～40％ 左右，电流温升明显下降，同时减少了机械磨损，维修工作量也大大减少。

（2）由于工艺生产的控制要求，使用变频器后，可进行适时动态的节能控制，既确保了工艺生产，又确保节能降耗，节能效果明显。表 8-13 给出了液氨加压泵在定速和适时动态变速两种不同工况下的各项指标对比。

表 8-13　液氨加压泵在定速和适时动态变速两种不同工况下的各项指标对比

项　目	功率 （kW）	电压 （V）	电流 （A）	频率 （Hz）	功率因数 （cosφ）	流量 （m³/h）	液体压力 （MPa）	电动机转速 （r/min）
改造前（工频）	64.8	386	110	50	0.907	235	0.656	2910
改造后（变频）	35.6	386	59	动态	0.945	动态	动态	动态

根据估算，一台 75kW 的液氨加压泵电动机，除去年度检修和日常维护时间 60 天，按年 300 天长周期运行计算，一年可节约 21.7 万 kWh，按照当前工业电价以 0.433 元/kWh 来计算，可节省电费

$$0.433 \text{元}/(\text{kWh}) \times 21.7 \text{万 kW} \cdot \text{h} = 9.3961 \text{万元}$$

以一台与其配套的变频器加上外围配套设备价格 18 万计，投资或科技创新技术改造费用的回收期不超过两年半即可收回。

（3）变频器自身保护功能齐全可靠，可消除电动机因过载或单相运行而烧坏电动机的现象，以确保安全生产。

（4）综合节能效果。根据某磷肥生产企业 2012 年 1～11 月的统计数据分析，液氨加压泵变频调速装置科技创新技术改造后，连续运行 300 天，计 7 200h，未发生任何设备事故，供液氨量比技术改造前的 2011 年同期比较净增 7.2 万吨，即就个体设备产量来评估增产 12％，耗电量降低 42.5％。综上所述，液氨加压泵变频调速装置科技创新技术改造从工艺生产的动态控制和经济效益上都是行之有效的。

8.4　变频器在磷肥生产造粒尾气洗涤系统引风机中的运用

传统的磷肥生产造粒尾气洗涤系统所属设备，如热风炉鼓风机、尾洗引风机、酸泵、料浆泵都是电动机以恒速运行，再通过改变风机入口的挡板开度来调节引风量，以及通过改变酸泵、料浆泵出口工艺管路上的调节阀开度来调节给酸量和料浆量的。风机和液体输送泵最大的特点是负载转矩与转速的平方成正比，轴功率与转

速的立方成正比。因此，如果将电动机的恒速运行改造为根据生产工艺需要引风量或实现这个引风量的量化指标和流量指标来控制和调节电动机的转速，以实现生产工艺的精确控制，不但提高了产品质量，降低了生产成本，还大大节约了电能。本系统就是利用变频器对引风机的运行速度进行调速控制，从而达到生产工艺适时动态控制，提高控制精度，降低生产成本，提高产品质量，节约电能的目的。

8.4.1 工艺原理

磷肥生产造粒尾气洗涤引鼓风系统，整个工艺流程须保持在微负压状态下方能正常生产，造粒机的负载是随料浆泵的喷浆量所决定的。系统运转前，当热风炉燃烧时，料浆泵开始工作，造粒机负载发生变化，为保证热风炉炉膛负压和造粒机出口压力，并且热风炉炉膛负压和造粒机出口压力之间要保持一定量或恒定量的负压差，烟气的含氧量及相应气温、气压的相对稳定，就需要及时调整引风机的吸风量。图 8-13 为造粒尾气洗涤引鼓风系统工艺流程框图，图 8-14 为造粒尾气洗涤引鼓风系统控制原理框图。

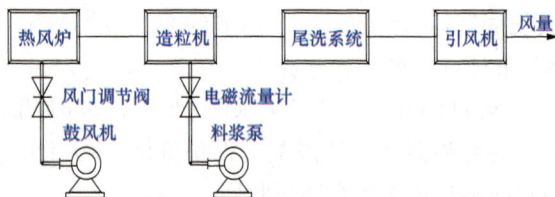

图 8-13　造粒尾气洗涤引鼓风系统工艺流程框图

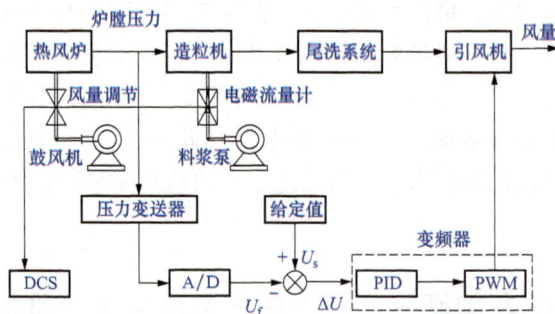

图 8-14　造粒尾气洗涤引鼓风系统控制原理框图

造粒尾气洗涤引鼓风系统控制是典型的 PID 闭环控制系统。反馈信号取自拖动系统的输出端，当输出端的量化指标偏离所给定的值时，经过压力变送器将炉膛压力转换为电信号反馈到输入端。在输入端，给定信号与反馈信号进行比较，得出一个偏差值，将偏差值经 PID 调节控制变频器改变输出频率，实现适时动态的变频控制。

如果变频器采用外置 PID 调节控制器，则将压力变送器的反馈信号送至工厂集散控制系统 DCS，再由主控操作工手动或 DCS 系统内的 PID 调节控制器自动调节变频器的运行频率，实现动态调整引风机的吸风量。如果变频器采用内置 PID 调节控制器，则根据压力变送器的实时反馈，经过变频器设定值和内置 PID 调节控制器自动调节变频器的运行频率，以实现动态调整引风机的吸风量。

本系统改造为了不影响和干扰工厂集散控制系统 DCS 的正常运行，采用变频器内置 PID 调节控制器的独立系统改造。控制系统主要由压力变送器、变频器、引风机等设备组成，形成压力控制闭环回路，自动控制引风机的转速，使热风炉炉膛保持稳定的微负压。

8.4.2 生产工艺对控制提出的要求

造粒尾气洗涤引鼓风系统有热风炉子系统鼓风机、引风子系统引风机、萃取子系统萃取料浆泵、造粒机、尾气洗涤子系统等工艺设备，生产工艺对控制的要求如下。

（1）根据工艺生产要求，为保证鼓风机出口压力，要求鼓风机恒速运行，鼓风量的调整只可采用风门调节，而不能采用变频调节。

（2）引风机由变频器动态驱动调节，实现热风炉炉膛微负压工况下的变频调节。

（3）当热风炉炉膛负压高于上限压力时，变频器根据压力变送器的反馈信号适时动态地调高变频器的输出频率，加快引风机电机的运转速度，提高引风量，迫使炉膛压力下降；反之，当热风炉炉膛负压低于下限压力时，变频器根据压力变送器的反馈信号适时动态地调低变频器的输出频率，降低引风机电动机的运转速度，减小引风量，迫使炉膛压力上升。

（4）变频器目标值的设定，可依据热风炉炉膛出口的实际压力，通过变频器操作面板设置，PID 反馈信号由压力变送器检测。

（5）采用变频器的内置 PID 调节功能，通过压力变送器所检测到的反馈信号，输入给变频器，经过变频器的内置 PID 调节功能，适时动态地改变变频器的输出频率，使热风炉炉膛负压相对保持恒定。

8.4.3 系统配置

从满足生产工艺对控制系统提出的要求出发，磷肥生产造粒尾气洗涤引鼓风系统从控制方式上可以实现开环控制模式和闭环控制模式。

1. 开环控制模式

开环控制系统接线图与框图如图 8-15 所示。图中设定值给定电位器 RW1 可由工厂集散控制系统 DCS 总控操作工给定，也可由外接电位器给定。

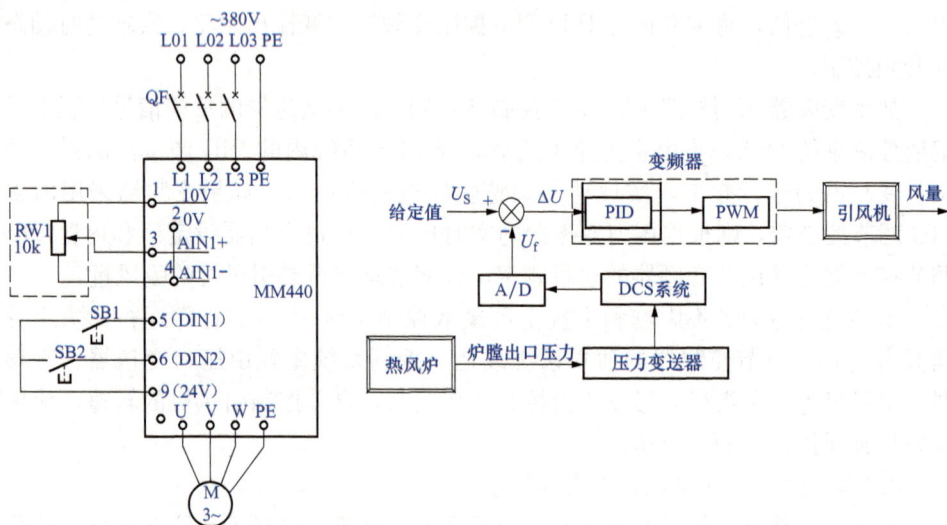

图 8-15　开环控制系统接线图与框图

当系统采取开环控制模式时，工厂集散控制系统 DCS 总控操作工可进行手动/自动控制切换，并可在总控室进行手动给定，以实现实时动态的变频控制，满足热风炉炉膛负压状态。

2. 闭环控制模式

闭环控制系统接线图与框图如图 8-16 所示。图中压力变送器反馈信号直接输入变频器，经过变频器内置 PID 调节回路，适时动态调节变频器的运行频率。

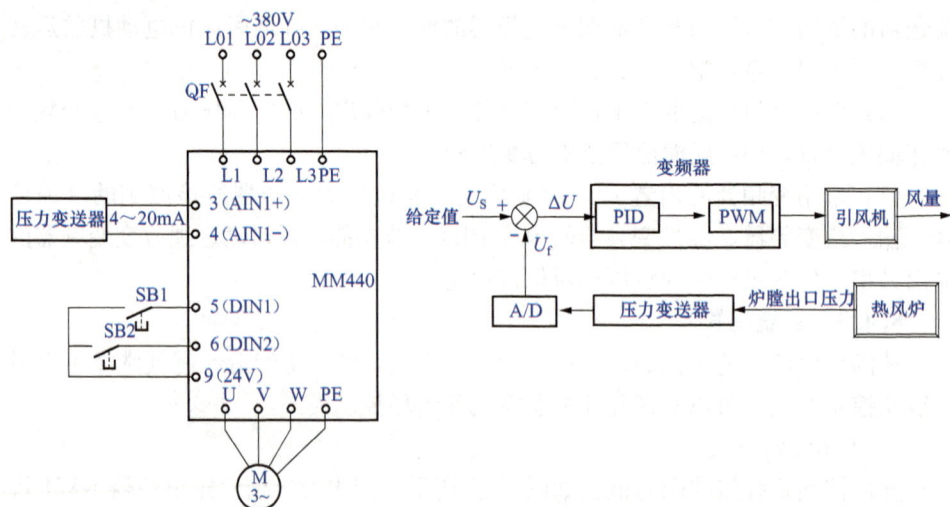

图 8-16　闭环控制系统接线图与框图

当系统处于闭环控制模式时，系统由热风炉炉膛出口压力的输出，经压力变送器作为系统调节的反馈信号，反馈信号为模拟量信号，采取 $4\sim20\text{mA}$ 电流信号，恒负压值的设定可通过变频器的操作面板 BOP 进行人工设置，通过使用变频器的内置 PID 控制功能，起动和调节变频器的运行频率，并达到相对恒定的微负压状态，形成一个动态平衡过程。若设定的微负压目标值为 Y_o，系统过程负压值为 Y_i，当系统压力增加 $Y_i<Y_o$ 时，则变频器根据压力变送器的反馈信号，控制变频器输出频率上升，引风机转速提高，使系统仍能达到相对恒定的微负压状态，从而又达到一个新的动态平衡过程，实现系统的自动控制。

3. 电动机功率配置

为了使变频器与电动机功率相配套，根据工艺设备要求，热风炉鼓风机电动机功率为 75kW，引风机电动机功率为 185kW，其引风机变频器系统改造功率配置情况见表 8-14。

表 8-14　　　　　　　　引风机变频器系统改造功率配置情况

设　备	MM440 变频器容量（kW）	电动机容量（kW）	备　注
鼓风机	不变	75	
引风机	250	185	变频电机

8.4.4　变频器的主要参数设定

1. 变频器出厂参数复位

采用 MM440 系列变频器在使用前必须进行出厂参数复位。设置变频器的参数 P0010＝30 和 P0970＝1，变频器进行参数复位，复位过程大约需要 60s，这样确保变频器的参数恢复到工厂默认值。

2. 电动机参数

电动机参数设置见表 8-15。

表 8-15　　　　　　　　　　电动机参数设置

参数号	参数值	说　明	参数号	参数值	说　明
P0003	1	设定用户访问级为标准级	P0305	370	电动机额定电流设定（A）
P0010	1	快速调试	P0307	185	电动机的额定功率（kW）
P0100	0	功率单位为 kW，频率为 50Hz	P0310	50	电动机的额定频率（Hz）
P0304	380	电动机额定电压设定（V）	P0311	1400	电动机的额定转速（r/min）

电动机参数设置完成后，设置参数 P0010＝0，使变频器当前处于准备工作状态，可正常运行。

3. 变频器参数设置

（1）PID 参数。变频器 PID 参数设置见表 8-16。

表 8-16 变频器 PID 参数设置

参数号	参数值	说　明	参数号	参数值	说　明
P0003	3	设定用户访问级为专家级	P2291	100	PID 输出上限（%）
P0004	0	参数过滤显示全部参数	P2292	0	PID 输出下限（%）
P2280	25	PID 比例增益系数	P2293	1	PID 限幅的斜坡上升/下降时间（s）
P2285	5	PID 积分时间			

（2）目标参数。变频器目标参数设置见表 8-17。

表 8-17 变频器目标参数设置

参数号	参数值	说　明	参数号	参数值	说　明
P0003	3	设定用户访问级为专家级	P2255	100	PID 设定值的增益系数
P0004	0	参数过滤显示全部参数	P2256	0	PID 微调信号增益系数
P2253	2250	已激活的 PID 设定值（PID 设定值信号源）	P2257	1	PID 设定值的斜坡上升时间
P2240	60	由面板 BOP（▲▼）设定的目标值（%）	P2258	1	PID 设定值的斜坡下降时间
P2254	0	无 PID 微调信号源	P2261	0	PID 设定值无滤波

当 P2232＝0 允许反向时，可以用面板 BOP 键（▲▼）来设定 P2240 值为负值。

（3）控制参数。变频器控制参数设置见表 8-18。

表 8-18 变频器控制参数设置

参数号	参数值	说　明	参数号	参数值	说　明
P0003	2	设定用户访问级为扩展级	P0704	0	端子 DIN4 禁用
P0004	0	参数过滤显示全部参数	P0725	1	端子 DIN 输入为高电平有效
P0700	2	变频器由数字输入端起停	P1000	1	频率设定由 BOP（▲▼）设置
P0701	1	DIN1 功能为 ON 接通正转/OFF 停车	P1080	20	电动机运行的最低频率（Hz）
P0702	25	DIN2 功能为直流注入制动	P1082	50	电动机运行的最高频率（Hz）
P0703	0	端子 DIN3 禁用	P2200	1	PID 控制功能有效

（4）反馈参数。变频器反馈参数设置见表 8-19。

表 8-19 变频器反馈参数设置

参数号	参数值	说 明	参数号	参数值	说 明
P0003	3	设定用户访问级为专家级	P2268	0	PID 反馈信号的下限值（％）
P0004	0	参数过滤显示全部参数	P2269	100	PID 反馈信号的增益（％）
P2264	755.0	PID 反馈信号由 AIN1 设定	P2270	0	不用 PID 反馈器的数学模型
P2265	0	PID 反馈信号无滤波	P2271	0	PID 传感器的反馈形式为正常
P2267	100	PID 反馈信号的上限值（％）			

8.4.5 单机试车

变频器参数设置完成后，须按工艺设备要求进行单机试车调试。

（1）如图 8-15 所示，当按下带锁按钮 SB1 时，变频器数字输入端 DIN1 为"ON"，变频器起动引风机电动机，当松开锁定按钮 SB1 时，变频器数字输入端 DIN1 为"OFF"，引风机电动机停止运行，系统正常。

（2）当反馈的压力信号发生改变时（也可进行人为改变），将会引起引风机电动机转速发生变化，热风炉炉膛出口压力监测、压力变送器及反馈回路正常。

若当反馈信号小于目标值，即设定的微负压目标值为 Y_o，系统过程负压值为 Y_i，当系统压力增加 $Y_i < Y_o$ 时（亦即 P2240 的值），变频器将驱动引风机电动机转速升高，电动机速度的上升又会引起反馈的模拟信号的变大。反之，当反馈信号大于目标值时，变频器又将驱动引风机电动机转速降低，从而又使反馈的电流信号变小。当反馈的模拟信号小于目标值时，变频器又将驱动引风机电动机转速升高。如此周而复始，使其变频器达到工艺要求的动态平衡状态，变频器将驱动引风机电动机以一个动态稳定的运行速度工作。

（3）P2240 目标设定值的改变。化工工艺生产工况的复杂性决定了控制的随机性。在某些特殊工况下，如果需要，可直接通过按动操作面板上的（▲▼）键来改变目标设定值 P2240，见表 8-17 中 P2240 参数设定说明。当设置 P2231＝1 时，由（▲▼）键即可改变目标设定值，并被保存在其内存中。

（4）当按下锁定按钮 SB2 时，电动机直流制动起动以检查引风机电动机在正常起动工作前的运行准备，防止引风机电动机在起动时处于低速反转状态而出现短暂的反接制动运行情况。

8.4.6 经济分析

在引风机电动机使用变频器后，改变了使用风门控制的负载状况，电动机的运行负载大大降低，从运行电流分析，改造前风门控制的引风机电动机运行电流大约在额定电流的 90％ 左右运行，而且根据生产工艺情况，常常达到额定电流运行，即 185kW 的引风机电动机的运行电流在 297～370A。改造后，直接使用变频器控制引风机量，其运行电流大大降低，并且可根据热风炉出口压力进行动态调节控制引风量，既确保了工艺生产，又确保节能降耗，节能效果明显。表 8-20 给出了引风机电动机在变频调速改造前后两种不同工况下的实测数据。

表 8-20　　　　　　　　引风机电动机在变频调速改造前后各项指标对比

项　　目	功率（kW）	电压（V）	电流（A）	频率（Hz）	功率因数 $\cos\varphi$	电机转速（r/min）
改造前（工频）	185	380	297～370	50	0.907	1 400
改造后（变频）	111	380	203.5～222	动态	0.945	动态

根据估算，一台 185kW 的引风机电动机，除去年度检修和日常维护时间 60 天，按年 300 天长周期运行计算，一年可节约 42.624 万 kWh，按照当前工业电价以 0.433 元/kWh 来计算，可节省电费

$$0.433\ 元/kWh \times 42.624\ 万\ kWh = 18.456\ 2\ 万元$$

以一台与其配套的变频器加上变频配电设备、工艺设备改造、风机等外围配套设备价格 46 万计，投资或科技创新技术改造费用的回收期两年半即可收回。

8.5　变频器在黄磷电炉自动加料系统中的运用

黄磷电炉生产周期长、功耗大、生产效率高，这就要求加料系统能够根据生产工艺的负载要求来动态、平衡、准确地加料，靠人工加料已不能满足生产控制的需要。目前已广泛使用 PLC 控制变频调速加料系统。

8.5.1　黄磷电炉加料工艺

黄磷电炉自动加料系统由静态称量配料装置和动态称量加料装置两部分组成。静态称量配料装置由 3 组料仓、3 个称量斗、9 个称重测压传感器、PLC 配料控制器、12 台变频器、12 组多速震动给料机组成。动态称量加料装置由 1 号固定可逆电子皮带秤、2 个称重测压传感器、1 台变频器、2 号移动可逆皮带运输机、溜槽组成。前 2 组 8 个料仓中，第 1 组料仓加焙烧过的磷矿石烧结料，第 2 组料仓加原矿石磷矿生料，第 3 组加焦煤等辅助料。根据磷矿石品位、烧结料品质和焦煤等辅助料的配比需要，由静态称量装置将所需加入电炉的物料称量好。将 2 号移动可逆皮带运输机移至黄磷电炉受料口的加料位，称量斗将称好的料卸至 1 号固定可逆电子皮带秤进行动态第二次称量，再传输给 2 号移动可逆皮带运输机将物料加至电炉内。加料结束，2 号移动可逆皮带运输机移回原位，同时发出信号给 PLC 人机界面终端，允许黄磷电炉进入其他工序工作，磷矿石加

料系统工艺流程如图 8-17 所示。

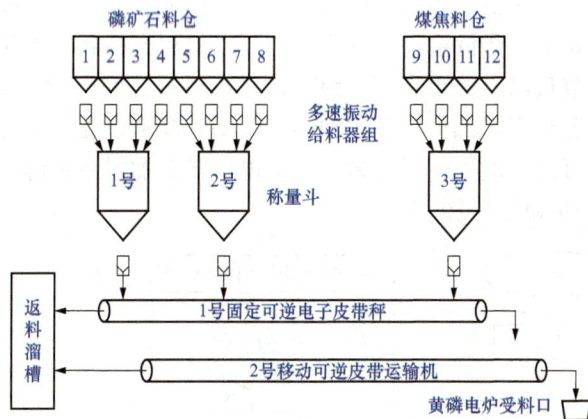

图 8-17　磷矿石加料系统工艺流程图

8.5.2　系统配置

黄磷电炉自动加料系统的核心是 PLC 控制变频调速配料系统，其结构框图如图 8-18 所示。

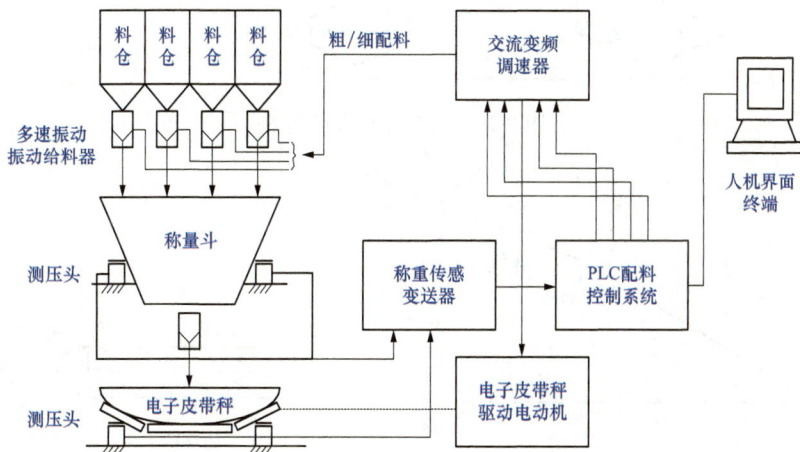

图 8-18　黄磷电炉自动配料系统框图

1. 静态称量配料装置

当黄磷电炉生产工艺需要配送原料时，配料控制系统 PLC 即可进行判断，允许加料时才可起动电炉自动加料系统。首先进行粗配料，打开料仓闸门，变频器输出高频给振动给料电动机，使之快速配料。由安装于称量斗下的称重测压传感器测得的重量信号（4～20mA 模拟信号）与初始给定值进行比较，若称出的重量高于预告信号设定值，则由 PLC 配料控制系统预告信号给变频器，从而改变变频器的运行频率，降低给料器的震打速度，由粗配料转变为精配料，即慢速配料。若称出的重量已经等于主信号给定值时，PLC 配料控制系统发出主给定信号，从而将变频器频率降低至零频率输出，关闭细配料。此时 1 号固定可逆电子皮带秤上已盛装可以入电炉的混合料。黄磷电炉自动加料系统静态称量配料流程和信号图如图 8-19 和图 8-20 所示。

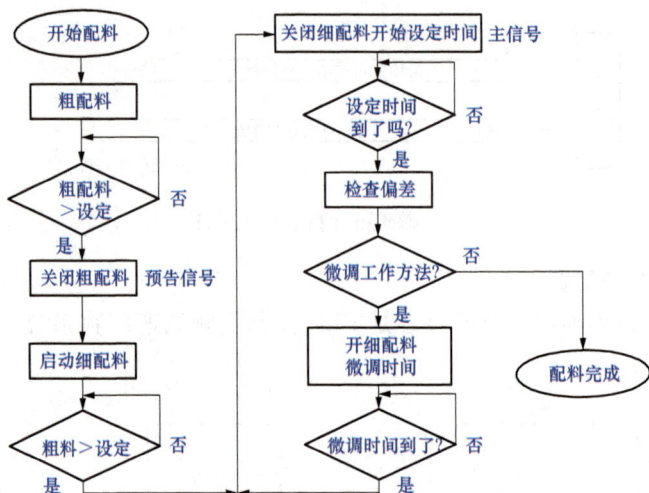

图 8-19　PLC 配料流程框图

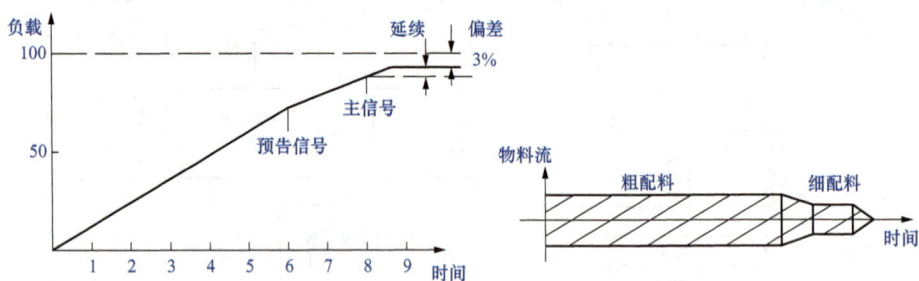

图 8-20　自动配料反馈信号图

2. 动态称量加料装置

根据生产工艺的需要，初始给定值的给定须根据电炉负载进行标定。将加料系统配置好的混合料，经过 1 号固定可逆电子皮带秤进行混合料动态称量。由安装在移动可逆电子皮带秤出口处的称重测压传感器测得的重量信号（4～20mA 模拟信号）与初始给定值进行比较，根据黄磷电炉的负载变化来改变变频器的输出频率，从而改变1号固定可逆电子皮带秤电动机的转速，做到动态精准加料。
2号移动可逆皮带运输机将1号固定可逆电子皮带秤传送来的精准磷矿混合料直接加入黄磷电炉受料口，从而完成黄磷电炉自动加料全过程。

8.5.3 控制原理

黄磷电炉自动加料系统变频器控制原理如图 8-21 所示，图 8-22 为移动可逆电子皮带秤变频控制回路。

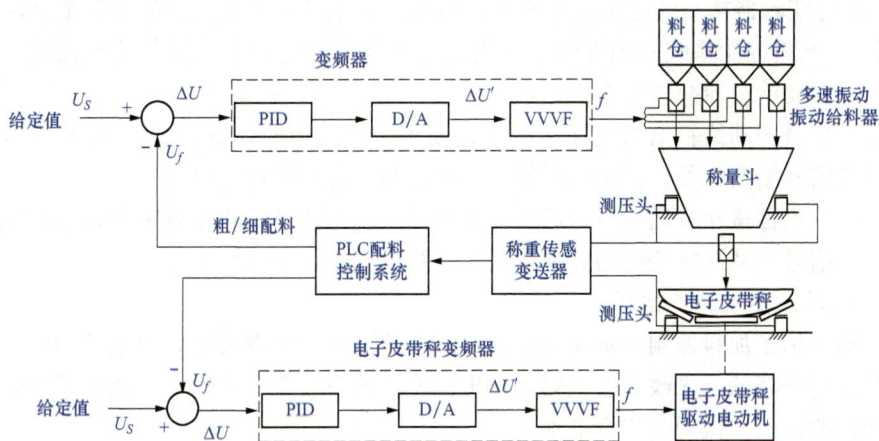

图 8-21　黄磷电炉自动加料系统变频器控制原理图

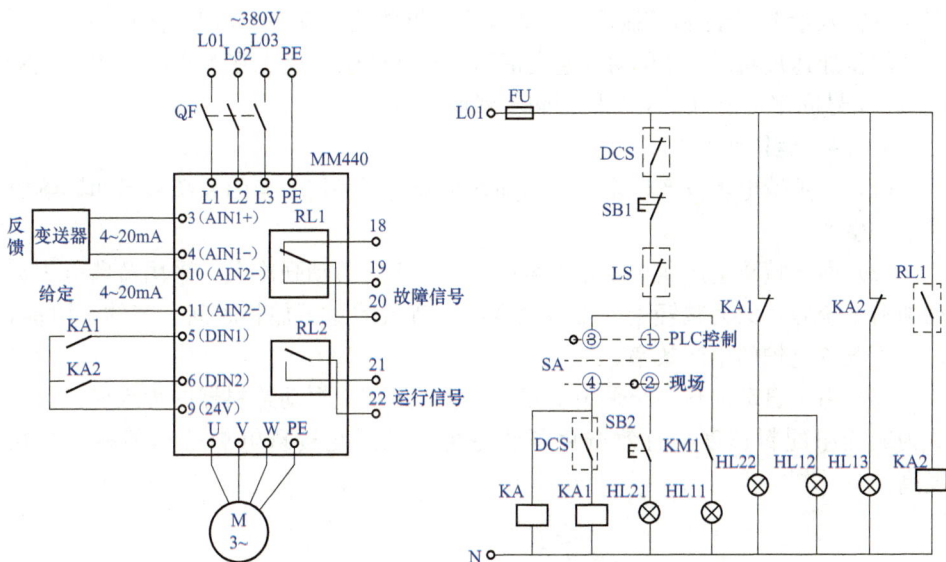

图 8-22　移动可逆电子皮带秤变频控制回路

1. 静态称量配料控制

（1）升高给料器的震打控制。称重测压传感器测得重量的模拟信号 $4\sim$ 20mA 与变频器初始给定值进行比较，当称出的重量低于预告信号设定值→输入给 PLC 配料控制系统→预告信号→改变变频器的运行频率→升高给料器的震打速度→振动给料器加速配料。

（2）降低给料器的震打控制。称重测压传感器测得重量的模拟信号 $4\sim$ 20mA 与变频器初始给定值进行比较，当称出的重量高于预告信号设定值→输入给 PLC 配料控制系统→预告信号→改变变频器的运行频率→降低给料器的震打速度→振动给料器减速配料。

（3）当振动给料器减速配料到工艺要求的设定值时，则由 PLC 配料控制系统预告信号给变频器，由粗配料转变为精配料，即匀慢速配料。

（4）当称量斗称出的重量已经等于主信号给定值时，PLC 配料控制系统发出主给定信号，从而将变频器频率降低至零频率输出，关闭细配料。

2. 动态称量加料控制

动态称量加料控制与黄磷电炉的负载变化而成正比例关系，根据黄磷电炉的负载升高或降低，来改变变频器的输出频率，从而改变 1 号固定可逆电子皮带秤电动机的转速，做到动态精准加料。

当黄磷电炉的负载升高→1 号固定可逆电子皮带秤的称重测压传感器测得重量的模拟信号 $4\sim$ 20mA 与初始给定值进行比较，称出的重量同步于预告信号设定值→输入给 PLC 配料控制系统→改变变频器的运行频率→1 号固定可逆电子皮带秤同步加速加料→2 号移动可逆皮带运输机→磷炉。反之在黄磷电炉的负载降低时，1 号固定可逆电子皮带秤则同步减速加料。

8.5.4 运行效果

（1）自黄磷电炉投产以来，自动加料系统运行稳定，未因系统故障而影响黄磷电炉生产。

（2）由于黄磷生产属于重化工生产，生产工人劳动强度大，采用黄磷电炉自动加料系统后，大大减轻了人工劳动强度、有效缩短了加料时间、节约了电能，提高了黄磷电炉的生产效率。

（3）由于自动加料系统采用了变频调速，可实现振动给料器的无级变速，调速为最佳粗配料速度，有效避免了超差配料，因此黄磷电炉自动加料系统精度高。

参 考 文 献

[1] 李方园. 图解西门子变频器入门到实践（第 1 版）. 北京：中国电力出版社，2012.

[2] 孟晓芳等. 西门子系列变频器及其工程应用（第 1 版）. 北京：机械工业出版社，2008.

[3] 马宁，孔红. S7-300PLC 和 MM440 变频器的原理及应用（第 1 版）. 北京：机械工业出版社，2006.

[4] 杨公源. 常用变频器应用实例（第 1 版）. 北京：电子工业出版社，2006.

[5] 刘美俊. 变频器应用与维修（第 1 版）. 北京：中国电力出版社，2013.

[6] 周志敏，纪爱华，等. 西门子变频器工程应用与故障处理实例（第 1 版）. 北京：机械工业出版社，2013.

[7] 冯垛生，张淼. 变频器的应用与维护（第 1 版）. 广州：华南理工大学出版社，2001.

[8] 王建，杨秀双，等. 变频器实用技术（西门子）（第 1 版）. 北京：机械工业出版社，2012.

[9] 西门子公司. MM440 变频器操作说明书. 03/03 版.